2019—2023年

# 国际大停电
## 事故分析

李建设 ——— 主编

**Analysis of
International Power
Outage Accidents**

中国电力出版社
CHINA ELECTRIC POWER PRESS

## 内 容 提 要

本书汇编分析了 2019—2023 年国际上主要的大停电事故，详细介绍了这些大停电事故的发展经过，从多个维度对这些大停电事故的原因进行了剖析，从中归纳出宝贵经验和教训，并提出防范大停电事故的有关建议。全书共分 6 章，第 1 章至第 5 章分别介绍了 2019—2023 年的国际大停电事故，包括 2019 年阿根廷—乌拉圭"6·16"大停电、英国"8·9"大停电，2020 年美国加利福尼亚州"8·14"大停电、斯里兰卡"8·17"大停电，2021 年欧洲大陆"1·8"同步电网解列、巴基斯坦"1·9"大停电、美国得克萨斯州"2·15"大停电、欧洲大陆"7·24"同步电网解列，2022 年中亚三国"1·25"大停电，2023 年巴基斯坦"1·23"大停电、阿根廷"3·1"大停电、巴西"8·15"大停电、尼日利亚"9·14"大停电等主要的大停电事故。第 6 章总结了引发大停电事故的直接原因和深层次原因，以及近年来大停电事故的发展趋势，并提出了防范大停电事故的有关建议。

本书可供从事电力系统规划与运行管理、公共应急管理人员参考，还可为从事大电网安全分析、电力安全风险防控等专业的研究人员提供参考。

**图书在版编目（CIP）数据**

2019—2023 年国际大停电事故分析 / 李建设主编.
北京：中国电力出版社，2025. 5. -- ISBN 978-7
-5198-9727-7

Ⅰ. TM62

中国国家版本馆 CIP 数据核字第 2025MC5261 号

---

出版发行：中国电力出版社
地　　址：北京市东城区北京站西街 19 号（邮政编码 100005）
网　　址：http://www.cepp.sgcc.com.cn
责任编辑：赵　杨
责任校对：黄　蓓　常燕昆
装帧设计：赵丽媛
责任印制：石　雷

---

印　　刷：北京九天鸿程印刷有限责任公司
版　　次：2025 年 5 月第一版
印　　次：2025 年 5 月北京第一次印刷
开　　本：710 毫米×1000 毫米　16 开本
印　　张：10
字　　数：142 千字
定　　价：60.00 元

---

# 前言
## PREFACE

作为能源系统的重要组成部分，电力系统是现代社会发展的重要物质基础，安全可靠的电力供应直接关系到国家经济的持续健康发展。当前，百年未有之大变局加速演进，各类"黑天鹅""灰犀牛"事件层出不穷，电力系统运行不稳定性、不确定性因素增多，电力安全的战略地位与战略价值日益凸显。随着以化石能源为主导的传统电力系统向以新能源为主导的新型电力系统转型升级，我国电力系统面临的安全形势发生巨大变化，不仅系统自身存在抗扰动能力下降、脆弱性加剧的风险，而且电力系统与外部环境高度交互，气象驱动特征更加显著，恶劣天气等极端事件威胁安全的因素更加多维而复杂，大面积停电风险更需引起高度重视。大停电事故一旦发生，将严重冲击社会经济秩序，甚至威胁国家安全，其损失、后果和影响难以估量。在此背景下，深入分析国际大停电事故的成因、特点和影响，从中汲取经验教训，对保障我国能源电力安全具有重要意义。

本书汇编了 2019—2023 年国际上的典型大停电案例，包括委内瑞拉、阿根廷、美国、英国、巴西、巴基斯坦等主要国家大停电事故，以及欧洲大陆、中亚三国、阿根廷—乌拉圭等跨国大停电事故。在每起大停电事故中，首先介绍了所属国家或地区的电力系统基本情况，然后详细阐述了从停电事故发生前系统运行状态到事故后电力恢复的全周期过程，最后从多个维度对这些大停电事故的原因进行了剖析和总结，从中提炼出了宝贵的经验和教训。在此基础上，对 2019—2023 年大停电事故进行了总结分析，从典型性、规律性、发展性的角度提炼出了引发大停电事故的直接原因和深层次原因，以及近年来大停电事故的发展趋势。同时，分别从行业管理部门、能源电力企业、重要用户等角度，提出了防范大停电事故的有关建议，为我国电力从业人员开展电力系统规划、建设、运行，推动技术创新提供借鉴和参考。

本书在编写过程中参考了各国政府及电力企业发布的事故调查和相关研究报告，以及大量电力行业专家学者的论文报告，这些丰富的资料是事故分析和经验总结的基础，为本书相关论述提供了有力支撑。同时，由于每起大停电事故的背景各异、技术成因复杂，书中的分析或总结难免存在疏漏或不足之处，恳请读者不吝指正。

编 者

2025 年 3 月

# 目录
CONTENTS

前言

第1章　2019年国际大停电事故 ……………………………………………1

1.1　委内瑞拉"3·7"大停电 ……………………………………………2

1.2　阿根廷—乌拉圭"6·16"大停电 ……………………………………5

1.3　美国纽约"7·13"大停电 ……………………………………………15

1.4　英国"8·9"大停电 ……………………………………………………19

第2章　2020年国际大停电事故 ……………………………………………27

2.1　委内瑞拉"5·5"大停电 ……………………………………………28

2.2　黎巴嫩"8·4"大爆炸破坏电网调度与总部大楼 ………………30

2.3　美国加利福尼亚州"8·14"大停电 ………………………………33

2.4　斯里兰卡"8·17"大停电 ……………………………………………37

2.5　墨西哥"12·28"大停电 ……………………………………………42

第3章　2021年国际大停电事故 ……………………………………………45

3.1　欧洲大陆"1·8"同步电网解列 ……………………………………46

3.2　巴基斯坦"1·9"大停电 ……………………………………………52

3.3  美国得克萨斯州"2·15"大停电 ·············· 58

3.4  欧洲大陆"7·24"同步电网解列 ·············· 66

## 第 4 章  2022 年国际大停电事故 ·················· 71

4.1  中亚三国"1·25"大停电 ·················· 72

4.2  老挝"6·12"大停电 ·················· 77

4.3  古巴"9·27"大停电 ·················· 80

## 第 5 章  2023 年国际大停电事故 ·················· 85

5.1  巴基斯坦"1·23"大停电 ·················· 86

5.2  南非"2·9"大面积限电 ·················· 96

5.3  阿根廷"3·1"大停电 ·················· 101

5.4  北欧"4·26"大停电 ·················· 104

5.5  巴西"8·15"大停电 ·················· 109

5.6  尼日利亚"9·14"大停电 ·················· 114

5.7  斯里兰卡"12·9"大停电 ·················· 119

## 第 6 章  大停电事故总结及有关建议 ·················· 125

6.1  大停电事故典型原因分析 ·················· 126

6.2  大停电总体发展趋势 ·················· 131

6.3  有关建议 ·················· 132

参考文献 ·················· 137

# 第 1 章

## 2019 年国际大停电事故

# 1.1 委内瑞拉"3·7"大停电

2019 年 3 月 7 日，委内瑞拉发生全国性大面积停电，该国首都加拉加斯及 23 个州中的 20 个州，近 3000 万人受影响。3 月 8 日下午，电网从东部地区开始逐步恢复，然而 3 月 9 日中午再次出现大范围停电，随后系统又重新恢复。

## 1.1.1 电力系统概况

委内瑞拉电力管理体系为"政企合一"的金字塔结构，电力部直接管理国家电力公司和调度中心，电力部部长兼任国家电力公司总裁，电力公司下辖人力资源等职能部门和发电、输电、配电等业务部门，统一负责委电力行业的生产、运营和管理。

委内瑞拉是世界上少数几个主要依靠水力发电的国家之一。截至 2018 年，委内瑞拉总装机容量约 3200 万 kW，其中水电装机占 64%、燃气装机占 19%、燃油装机占 17%。占比最高的水力发电集中在该国东部瓜亚纳地区的卡罗尼河上，共有 4 座水电站，其中最大的古里水电站位于卡罗尼河口上游约 100km 的内库玛（Necuima）峡谷处，一期建设于 1963 年，二期建设于 1976 年，为当时世界第五大水电站，共装设 21 台水轮机组，装机容量 1030 万 kW，年发电量约 510 亿 kWh，约占该国用电量的 40%。

委内瑞拉电网分为西北部、中北部、中东部、南部、安迪斯五个区域，主力电源分布在中东部，而包括首都在内的重要负荷中心位于西部，主网潮流呈现"东电西送"格局，输电网由 765、400、230kV 三个电压等级构成。其中，古里水电站通过 3 回 765kV、5 回 400kV 输电线路向该

国负荷中心（圭亚那工业区和加拉斯加地区）送电，这些主干线承担了全
国约 85% 的电力传输。

## 1.1.2　事故过程

### 1. 事故经过

（1）3 月 7 日 16 时 50 分，由于古里水电站的计算机系统中枢遭到网络
攻击导致机组停机（另一说法是古里水电站送出线路廊道发生火灾引起送出
三回 765kV 线路跳闸，国家中心变电站失压），委内瑞拉电网几乎全部瓦解，
发生全国性大停电。

（2）3 月 8 日凌晨，停电近 9h 后，首都加拉加斯部分地区开始恢复供
电，东部地区电力供应开始逐渐恢复。

（3）3 月 9 日上午，全国 70% 的电力供应已恢复，但随后由于多处变压
器发生爆炸，委内瑞拉电力系统再次崩溃，再次发生大范围停电。

（4）3 月 13 日，全国电力供应完全恢复。

### 2. 事故影响

此次停电是委内瑞拉自 2012 年以来停电时间最长、影响地区最广的停
电。在委内瑞拉的 23 个州中，一度有 20 个州全面停电，停电导致加拉加斯
地铁无法运行，造成大规模交通拥堵，学校、医院、工厂、机场等都受到严
重影响，手机和网络也无法正常使用。

## 1.1.3　事故原因

由于无法获得委内瑞拉停电事故中电力系统运行数据及网络数据，综合
相关信息分析，停电的原因可能来自以下几个方面。

（1）网络攻击。委内瑞拉大停电后，政府方面表示停电原因是古里水
电站计算机系统中枢及连接到加拉加斯的控制中枢遭受网络攻击。据有关报
道，委内瑞拉最大的电力公司卡罗尼（EDELCA）公司的部分产品就曾多次

被曝出存在安全漏洞。

（2）火灾引起线路跳闸。765kV 线路是委内瑞拉国家输电网主干线，承担该国 85% 的电力传输。该国时任"临时总统"的胡安·瓜伊多表示，由于古里水电站送出线路廊道发生火灾引起三回 765kV 送出线路（圣赫罗尼莫—马拉纳段）跳闸，导致圣赫罗尼莫国家中心变电站失压，送入国家负荷中心的主干线全部失电。

（3）人为恶意破坏。结合委内瑞拉电力部门彻底修复电网需要 3 年时间的声明，并且多处变压器发生爆炸，推断电力设施可能遭受了人为物理性损坏。

（4）能源结构不合理，单一电源占比过大。委内瑞拉水电占比高，缺乏煤电、核电及新能源等电源。古里水电站承担了委内瑞拉近四成的电力供应，一旦发生电厂停电，极易引发系统频率崩溃。

（5）关键技术依赖外部，网络安全防护能力不足。委内瑞拉自主工业体系相对薄弱，发电机组、高压输变电及自动化系统等设备严重依赖进口。例如，古里水电站选用国外进口工业视频控制系统，并集成到大坝泄漏检测系统中，自主可控水平低，且未做好安全隔离。若该系统连接了互联网并进行远程维护，同时又通过网络接入水电站监控系统，那么就有可能遭受网络攻击，从而导致水电站不能正常发电。

## 1.1.4　事故启示

### 1. 坚强合理的电网网架结构是避免大停电事故的根本保障

委内瑞拉电网网架薄弱，765kV 与 400kV 主干网为单一长链式结构，关键厂站故障后，将影响电网安全稳定运行。委内瑞拉电力流呈现"东电西送"格局，单一电源占比过大，负荷中心电源支撑严重不足，单一电源严重故障后容易造成较大电力缺口引发大面积停电事故。

### 2. 防范网络攻击、保障电力系统数据安全必须引起高度重视

据委内瑞拉政府及媒体报道，此次事件原因可能为古里水电站自动控制

系统遭到网络攻击。近年来国际网络安全事件频发，尤其是针对电力等能源关键信息基础设施的网络攻击不断增加，网络攻击已从个人、组织攻击演进到国家攻击，威胁逐步加大。2015 年 12 月，乌克兰电网遭到了一次有组织、有预谋的定向网络攻击，致使近 1/3 的地区持续断电。当前信息系统、电力监控系统与电网融合发展，已成为深度关联、相互依赖的整体，网络攻击危害电力系统运行，将造成严重的社会影响。

### 3. 全方位应急联动机制建设对于灾害情况下事故快速恢复至关重要

委内瑞拉社会动荡，缺乏有效的应急联动机制，应急措施准备不足，导致大停电事故发生后长时间无法恢复供电。当今社会，大停电事故影响社会方方面面，然而部分国家对大面积停电所带来的影响认识不够，应急响应能力不足，缺乏电力企业、政府部门和用户共同应对的常态化手段。因此，亟需建设覆盖政府部门、电力企业和用户的全方位应急联动机制，才能有效应对大面积停电事故的发生。

# 1.2　阿根廷—乌拉圭"6·16"大停电

2019 年 6 月 16 日，由于暴雨影响，加之电力系统因缺乏备用容量和电网管理不善而超负荷运行，阿根廷和乌拉圭发生了大规模停电。这次停电对两国基础设施和经济造成重大冲击，导致交通瘫痪、供水中断等问题，约有4800 万人受影响。

## 1.2.1　电力系统概况

### 1. 阿根廷电力系统概况

阿根廷电力系统由中南部和北部的阿根廷互联电力系统（SADI）及南

部的巴塔哥尼亚互联电力系统（SIP）组成，其中 SADI 向阿根廷与乌拉圭供电，并与智利、巴西连接。阿根廷的两大电力系统自 2006 年 3 月起实现互联，形成了基本覆盖全国的统一互联电力系统。

截至 2019 年，阿根廷互联电力系统总装机容量 3892 万 kW。其中，火电装机占 63.09%，水电装机占 27.72%，其余（光伏、核电等）占约 9.19%，各类电源装机容量比例如图 1-1 所示。阿根廷互联电力系统的最大负荷记录是 2632 万 kW（2018 年 8 月 2 日 15 时 35 分）。

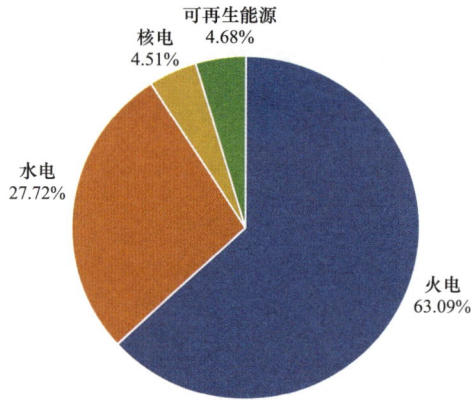

图 1-1　阿根廷互联电力系统装机容量比例

阿根廷互联电力系统的主网架以 500kV 输电线路为主，由阿根廷高压输电公司（Transener）负责运营，另有三家配电公司恩普雷萨电力公司、南方电力公司、拉普拉塔电力公司负责配售电。500kV 线路全长 13200km，330kV 线路全长 1100km，220kV 线路全长 2800km，132kV 线路全长 29200km。阿根廷电网输电通道的传输容量十分紧张，电力传输长期逼近其容量极限。

**2. 乌拉圭电力系统概况**

截至 2018 年，乌拉圭全国发电装机容量 533.2 万 kW，其中火电装机容量 161.4 万 kW，占 30.3%，水电装机容量 153.8 万 kW，占 28.8%，风电装机容量 151 万 kW，占 28.3%，生物质能发电装机容量 42.2 万 kW，占 7.9%，光伏发电装机容量 24.8 万 kW，占 4.7%。

乌拉圭水电装机几乎全部来自四座水电站。一座是位于乌拉圭河、与阿根廷共享的萨尔图格兰德（Salto Grande）水电站，其余三座均位于里约内格罗地区，容量分别为 33.3 万 kW、15.2 万 kW 和 10.8 万 kW。

根据国际能源署（IEA）统计，2018 年乌拉圭各类电源总发电量为 146.11 亿 kWh，其中水电发电量 65.57 亿 kWh，占 44.9%，风电发电量 47.32 亿 kW，占 32.4%，生物质能发电量 25.48 亿 kW，占 17.4%，光伏发电量 4.14 亿 kW，占 2.8%，化石能源发电量 3.6 亿 kW，占 2.5%，主要用于备用和出口需求。由于严重依赖水电，乌拉圭电力系统的供电能力受季节性降水影响，干旱年份需向邻国进口电力。

乌拉圭为南美电气化程度最高的国家之一，电网覆盖率达 98.7%，电网最高电压等级为 500kV，其中 500kV 线路长度为 1078km，500kV 变电站有 9 座。

### 3. 事故相关的萨尔图格兰德与亚西雷塔（Yacyretá）水电站概况

萨尔图格兰德水电站位于康科迪亚，在阿根廷和乌拉圭之间，为两国共享，其建造始于 1974 年，并于 1979 年完工。该水电站中安装了 14 台 13.5 万 kW 的水轮机，总装机容量达到 189 万 kW。

亚西雷塔水电站位于阿约拉斯（Ayolas）区域，水电站建造始于 1983 年，于 1994 年完工。该水电站中安装了 20 台 15.5 万 kW 的水轮机，总装机容量达到 310 万 kW。发电量 5%送至巴拉圭，95%送至阿根廷。

## 1.2.2　事故过程

### 1. 事故前系统状态

事故发生前，阿根廷互联电力系统的总负荷约 1320 万 kW，如图 1-2 所示，电网接线如图 1-3 所示。值得注意的是，由于 4 月 18 日的暴雨影响，500kV 埃利亚-坎帕纳（C.Elía-Campana）线路在阿根廷与乌拉圭交界的巴拉那河岸的线路塔基受到破坏，导致该线路在事故发生前为停运检修状态。

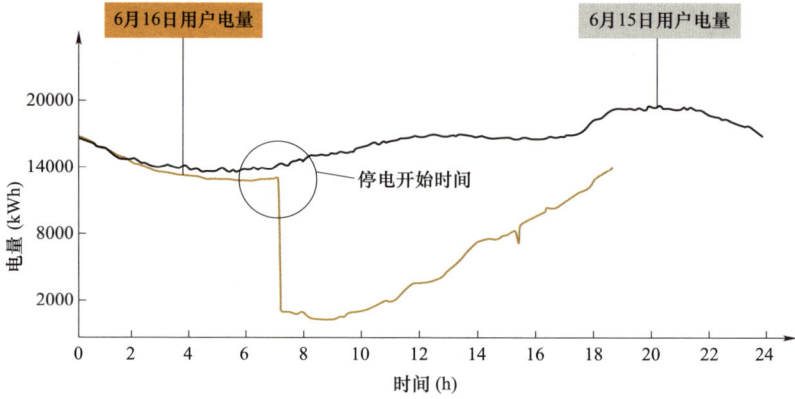

图 1-2　事故当日阿根廷负荷曲线示意图

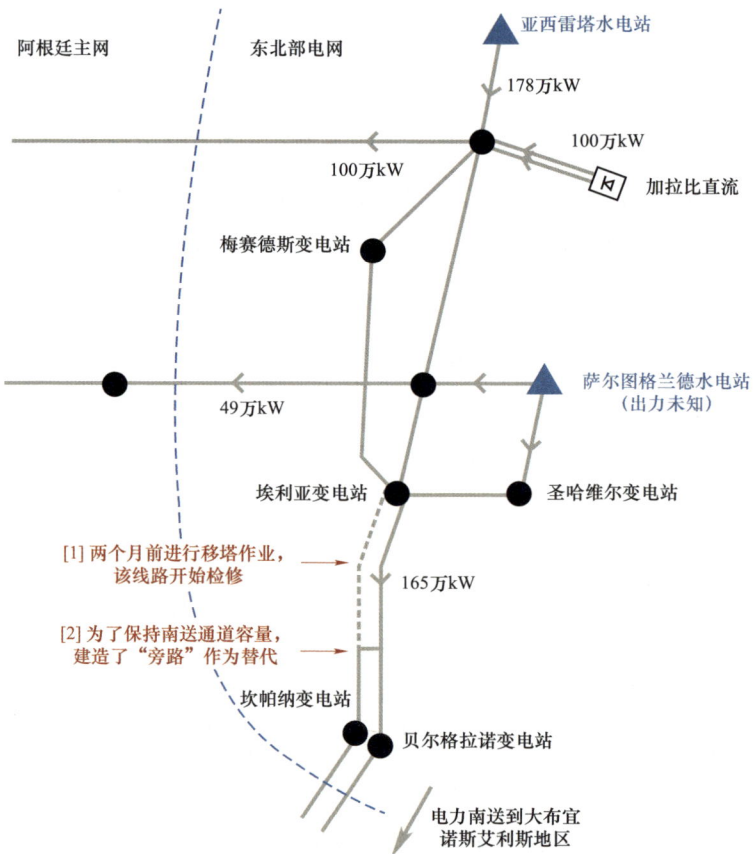

图 1-3　大停电前电网接线示意图

为了保障南送输电通道容量，电网公司 Transener 建造了一条"旁路"作替代。在检修方式下，埃利亚（C.Elía）变电站的南向输电通道仅剩埃利亚 – 贝尔格拉诺（C.Elía-Belgrano）线路，事故前其潮流为 165 万 kW。

### 2. 事故经过

此次事故的发展过程如图 1–4 所示，具体介绍如下：

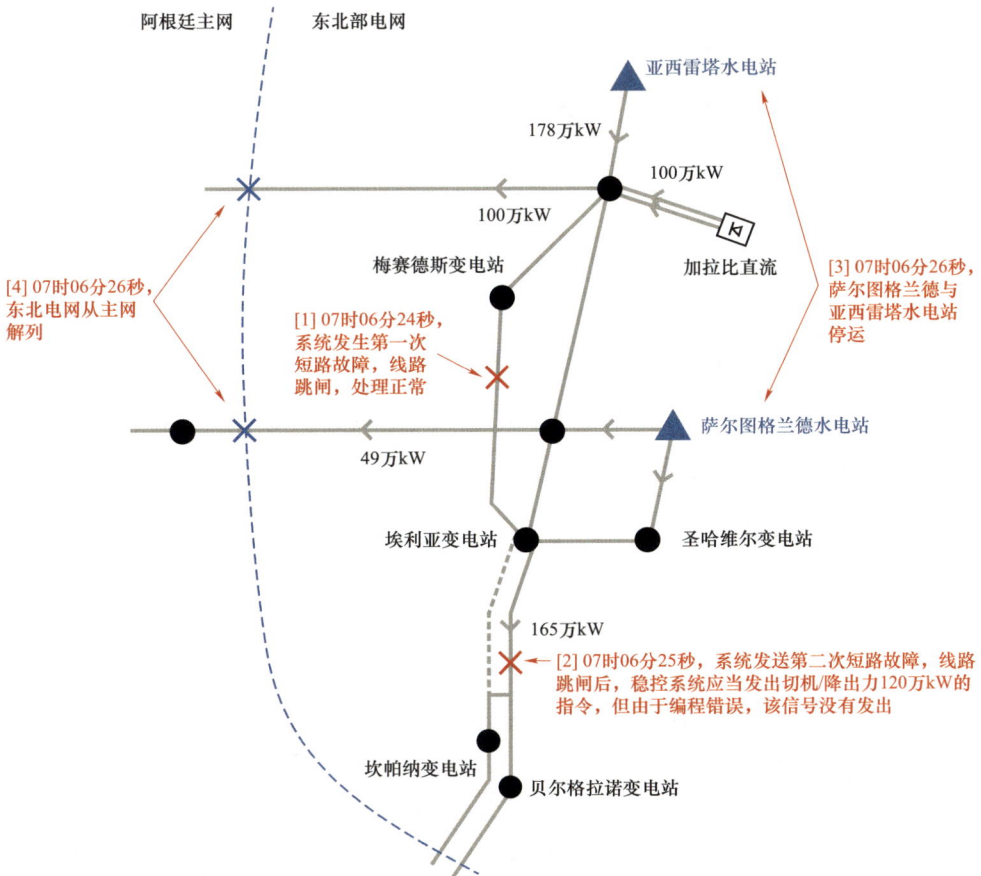

图 1–4    事故发展过程示意图

（1）6 月 16 日 07 时 06 分 24 秒，受风暴影响，埃利亚变电站附近的两条 500kV 线路埃利亚 – 梅赛德斯（C.Elía-Mercedes）和埃利亚 – 坎帕纳因短路故障而相继跳闸，使得埃利亚变电站向南部负荷中心的输电通道完全中断。

（2）6月16日07时06分25秒，东北部电网损失南送功率165万 kW，潮流发生大范围转移。为了保持东北部机组的功角稳定，稳控系统本该向东北部亚西雷塔水电站、萨尔图格兰德水电站发送120万 kW 的切机信号及加拉比（Garabi）直流回降措施，但由于电网公司 Transener 在事前并没有对稳控系统进行适应性改造以使其控制策略与当前运行方式相匹配，因此稳控系统拒动，没有发出切机信号。

（3）6月16日07时06分26秒，由于稳控系统未能正确动作，东北部亚西雷塔水电站、萨尔图格兰德水电站机组跳闸，损失发电容量320万 kW。与此同时，东北部电网与主网仅剩的两回联络线因失步解列措施而被切除，导致东北电网从主网中解列，并加剧了主网系统的功率缺额（缺额比例达24%，即320万 kW/1320万 kW），主网频率大幅下降。

（4）6月16日07时06分26～30秒，由于低频减载容量不足，电网持续在48.4Hz附近的低频状态运行。据统计，全网74家电力分销商需按规定减载负荷150万 kW，但多达69家的低频减载低于预期，事故期间全网低频减载容量仅为预期的75%，如图1-5所示，其中蓝色阴影部分为计划低频减载后的电力需求，红线部分为低频减载措施实际执行后的电力需求，蓝线为频率变化曲线。

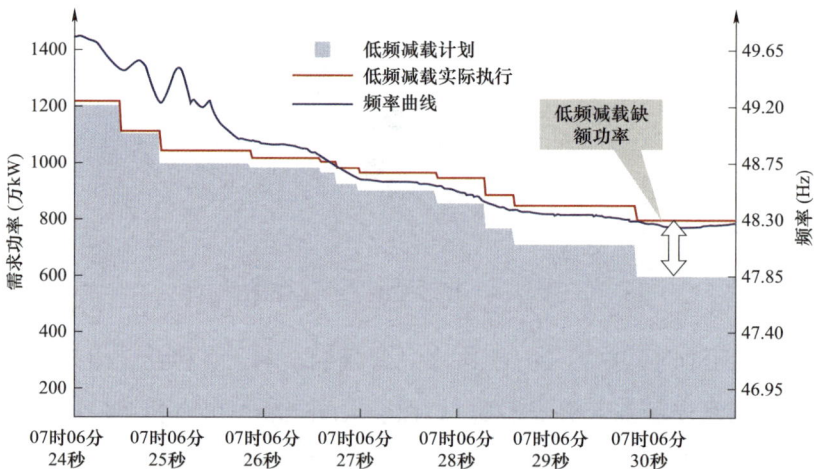

图 1-5　事故发展过程低频减载措施动作情况

（5）6 月 16 日 07 时 06 分 30 秒～36 秒，在东北部机组脱网后，系统仍然有 105 台发电机联网。然而，其中 5 台大容量发电机因过热而提前脱网（占此时发电功率的 10%），且部分发电机，如科尔多瓦（Córdoba）的恩巴尔塞（Embalse）电厂，没有按预期调增功率以弥补功率缺额，导致系统功率缺额再次加大，频率进一步下降到 48.3Hz。

（6）6 月 16 日 07 时 06 分 53 秒，在故障发生后的 30s 左右，由于系统频率/电压没有恢复正常，因此各类设备从主网中陆续脱离（阿根廷电力系统设定的耐异常运行时间是 20s），全网崩溃，损失全部负荷约 1320 万 kW。系统频率崩溃的全过程如图 1−6 所示。

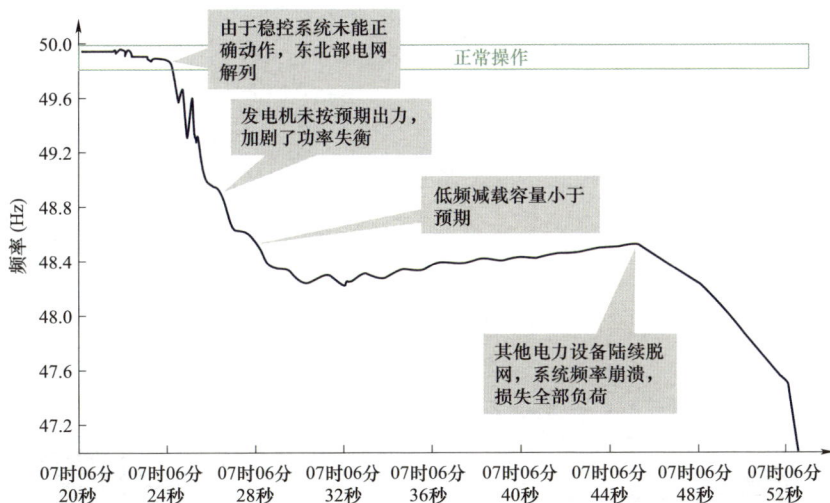

图 1−6 事故发展阶段系统频率变化过程

### 3. 电力恢复

事故发生后约 2h，阿根廷首都布宜诺斯艾利斯及周边地区开始恢复供电；10 时 30 分，乌拉圭南部沿海和首都地区开始恢复供电，13 时，乌拉圭境内 75%区域恢复供电；19 时，阿根廷约 77%的负荷得到恢复；21 时，阿根廷约 90%的负荷得到恢复。整个电网的恢复耗时约 1 天，电源、负荷恢复的详细情况分别如图 1−7 和图 1−8 所示。

#### 4. 事故影响

在此次大停电事故中，阿根廷和乌拉圭全境、巴西南部、巴拉圭东部和智利东部的部分地区，约 4800 万人受到严重影响，负荷损失约 1320 万 kW。大停电使得商业、工业、交通系统和医疗系统几近瘫痪，造成了严重的社会和经济影响，也引起了国际社会对电网安全和稳定性问题的关注，为其他国家在电网安全控制和应急响应方面敲响了警钟。

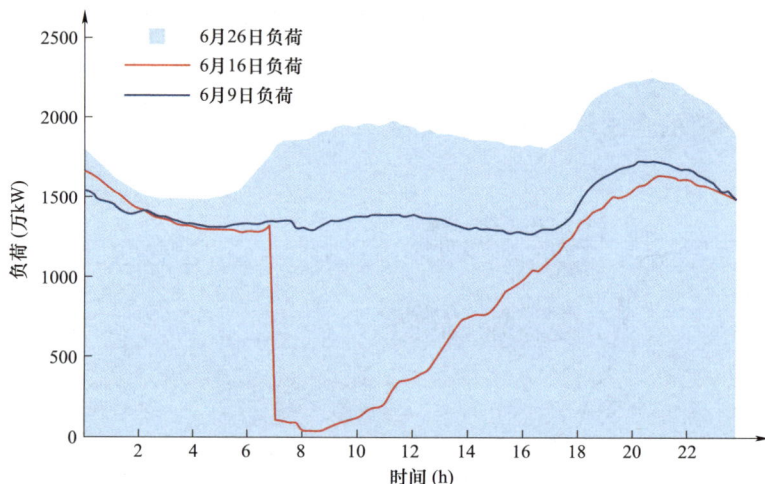

图 1-7　事故过程中阿根廷电网的总负荷曲线

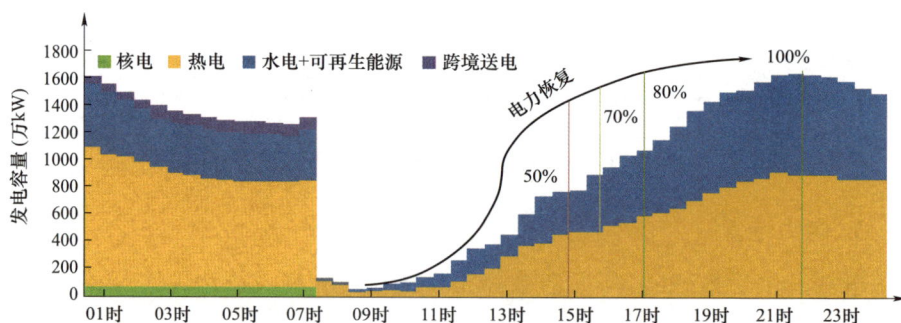

图 1-8　事故恢复过程中阿根廷电网电源出力情况

### 1.2.3　事故原因

（1）电网网架结构薄弱，稳定裕度水平较低。阿根廷电网的网架结构比较薄弱。东北部为水电富集区，其电力送往南部负荷中心的线路仅有两条；而事故前，其中 500kV 埃利亚－坎帕纳线路因检修停运，埃利亚变电站仅剩 1 条 500kV 南向输电通道。在此种情况下，电网的网架强度被大幅削弱，稳定裕度水平较低，抵御短路故障的能力不足。

（2）检修运行方式系统不满足 "N－1" 约束。在 500 千伏埃利亚－坎帕纳线路检修后，电网公司仍然安排了大量水电从东北部送往南部，仅剩的南向输电通道潮流过大。当故障发生时，必须依靠安全控制措施才能保持系统稳定，表明该运行方式不满足 "N－1" 稳定约束，存在较大的风险隐患，一旦安全控制装置误动/拒动，系统将出现稳定破坏事故。

（3）安全控制策略未及时更新。在电网检修期间南送输电线路被改接，使得稳控系统存在不适应的问题。电网公司未及时对稳控系统进行必要的策略更新，使得其在输电通道线路故障情况下无法有效切除发电机组，由此引发了系统暂态失稳和连锁故障。

（4）部分发电机组的涉网性能不合格。在电力系统低频运行期间，部分发电机提前脱网，不仅未能及时阻止频率进一步下降，还加剧了系统的功率缺额，进一步恶化了系统的运行状态。

（5）低频减载切负荷不足。各电力分销商没有完全遵照规定配置足量的低频减载容量。在东北部电网损失大量发电机导致系统频率大幅下降后，低频减载装置未能及时切除足量的负荷，未能使得系统频率在 20s 内恢复正常。电网安全防御体系最后一道防线的失守导致了剩余设备全部脱网，系统完全崩溃。

## 1.2.4　事故启示

### 1. 坚强合理的电网网架结构是避免大停电事故的根本保障

阿根廷主力水电站集中在东北部，其出力占总负荷的 1/3，而直接送入首都负荷中心的输电通道仅有两回 500kV 线路，网架结构存在缺陷，一旦发生两回线路跳闸或停运，将导致东北部电站与主网联系薄弱，电力需大范围迂回送入负荷中心，极易导致电站失去稳定，导致全网频率大幅跌落甚至引发系统崩溃。2018 年发生的"3·21"巴西大停电和 2019 年发生的委内瑞拉大停电也均暴露出所在国家存在类似的网架结构不坚强、输电网络无法支撑远距离电能输送、故障后潮流大范围转移将引发连锁反应等问题。

**2. 检修方式下的电网运行风险控制需引起高度关注**

阿根廷东北部电站送入负荷中心的 1 回线路因塔基问题临时停电检修，亚西雷塔、萨尔图格兰德的水电及经加拉比直流从巴西购入的电力通过单回 500kV 线路大量送入首都负荷中心。在此种非正常的接线方式下，电厂与负荷中心的联系薄弱，电气距离拉长，运行风险加大，关键联络通道故障的调控风险也进一步增加，一旦处置不当易引发系统发生连锁故障。

**3. 加强电网安全稳定管理，合理设置系统安全防线，才能有效避免发生系统性崩溃**

（1）阿根廷电网链式结构线路（包括 500kV 埃利亚-梅赛德斯线路与 500kV 埃利亚-贝尔格拉诺线路）相继跳闸，引发连锁故障并最终使系统崩溃，表明阿根廷在日常安全稳定管理方面急需提高。

（2）阿根廷电网稳控系统在线路跳闸后拒动，未能正确切除相关机组导致系统失稳是本次事件的直接原因，暴露出其稳控专业管理存在缺失，未能针对系统运行变化适应性调整稳控策略。

（3）阿根廷东北部电网解列后，主网低频减载措施量不足造成持续低频运行，从而引发部分机组脱网导致全局性崩溃，暴露出阿根廷电网对低频减载措施量实时监控不足，对电力分销商管控力度不够，未按规定配足频率紧急控制措施等问题。

（4）阿根廷的停电事故波及周边互联的多个国家，也反映出该区域电网未设置合理的解列点、布置恰当的频率电压紧急控制措施等问题。

**4. 提高关键输电线路抗灾能力才能有效应对重大自然灾害影响**

阿根廷东北部电站送入首都负荷中心的输电走廊集中在东部的巴拉那河岸，由于遭受极端天气侵袭，巴拉那河河水暴涨导致其中一回 500kV 线路塔基遭破坏，致使该线路退出运行。同时由于巴拉那河来水增加，位于该流域的水电站出力较大，电力送出通道长期处于重载运行，造成电网运行调控难度加大，一旦关键输电通道无法抵御诸如风暴等极端天气，将导致电源与负荷中心联络切断进而引发系统性故障。

# 1.3　美国纽约"7·13"大停电

2019 年 7 月 13 日 18 时 47 分，由于电缆短路故障，美国纽约市曼哈顿地区发生了大规模停电，约 25 万人受到影响。大停电导致时报广场 LED 大屏幕、百老汇歌剧院及帝国大厦等标志性建筑断电。当晚 22 时左右，纽约市的供电开始逐步恢复，到 24 时，大部分区域已恢复供电。

## 1.3.1　电力系统概况

### 1. 美国电力系统概况

美国电网由东部电网、西部电网和得克萨斯州（以下简称"得州"）电网三个松散"互联"的部分组成。其中，东部电网包括美国东部 2/3 的地区和加拿大自萨斯喀彻温省向东延伸至沿海省份的地区，覆盖约 520 万 km² 的地理面积；西部电网覆盖美国西部 1/3 的地区和加拿大阿尔伯达省、不列颠哥伦比亚省及墨西哥的一部分；得州电网则相对较小，通常独立运营，不受联邦政府监管。美国本土三大电网的电源结构各有特点，东部电网地区靠近煤炭及天然气产地，以煤电和天然气发电为主；西部电网依靠落基山脉的地势，有相当规模的水电；位于美国南部的得州处于美国页岩气主产区，以天然气发电为主。

东部电网网架结构包括多条 765kV、500kV 和 345kV 线路，总装机容量约 8.5 亿 kW，年发电量约 30000 亿 kWh。西部电网网架结构主要由 500kV 和 230kV 的高压输电线路组成，总装机容量约 2.5 亿 kW，年发电量约 9000 亿 kWh。得州电网网架结构主要由 345kV 和 138kV 的高压输电线路组成，形成一个独立的电网系统，与东部和西部互联电网仅有少量的直流互联。

全美共有 66 个电力平衡机构负责运营调度所辖地区电网，其中 7 个为独立系统运营商，负责大区域范围内的电网运营调度和电力市场，剩余的 59 个为发电、输电、配电垂直一体化管理的地方电力公司。美国电网运营类型包括去监管化市场和受监管市场。在去监管化市场中，发电、输电和配电通常分开运营，而在受监管市场中，公用事业公司则控制了电网的主要产业链。

### 2. 纽约电力系统概况

纽约市隶属于东部电网，其配电网采用双馈线式接线方式（类似我国"2-1"典型接线），如图 1-9 所示，这种接线方式通过馈线出口继电开关、中段继电开关、终端继电开关控制整个馈线系统，当发生故障时相邻最近继电开关动作隔离故障，再转由备用电源供电。

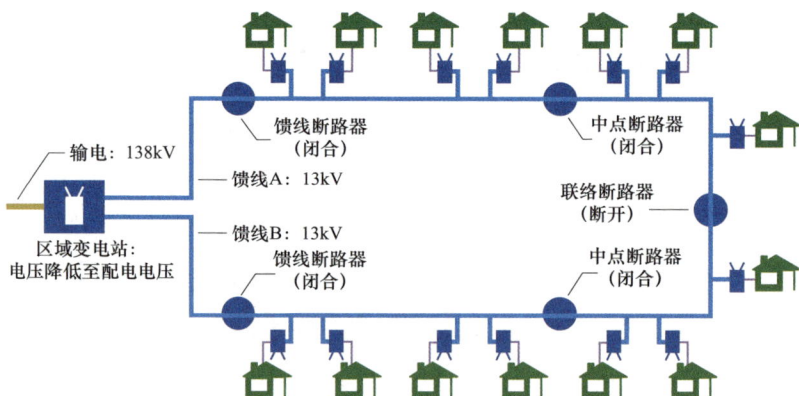

图 1-9　纽约市典型 13kV 配电网接线

## 1.3.2　事故过程

### 1. 事故经过

（1）7 月 13 日 18 时 47 分，位于曼哈顿西区大道西 64 街的 13kV 电缆发生起火，并引发短路故障。

（2）故障电缆所在上一级 138kV 变电站的继电保护系统（包括主保护和后备保护）未按要求动作切除故障，使得故障范围有所扩大。

（3）位于西 49 街的 345kV 变电站断开开关动作，故障被隔离，但该 345kV 变电站下属的 138kV 和 13kV 配电网络未能进行快速有效的负荷转供，从而导致曼哈顿核心区域 6 片供电网络失电。停电范围包含曼哈顿西区时代广场（7 大道 42 街到第 72 街）及从第五大道到哈德逊河之间共计 30 个街区，约 7.3 万户、25 万人受到影响，停电事件未造成人员伤亡。

### 2. 电力恢复

当晚 22 时左右，纽约市的供电开始逐步恢复，到 24 时，即停电大约 5h 后，大部分区域已基本恢复供电。

### 3. 事故影响

本次停电虽然持续时间较短、影响用户有限，也未有人员伤亡报道，但因发生在纽约最繁华的曼哈顿区，对正常社会生活造成较大影响：纽约地铁、信号灯等交通系统的供电受到影响，包括时代广场和洛克菲勒中心等核心商圈在内的大部分商业楼宇启动应急电源，百老汇的大多数剧院取消晚上的演出。纽约州州长安德鲁·科莫表示，虽然没有收到人员因停电受伤的报告，但"发生停电完全不可容忍"。

## 1.3.3　事故原因

（1）配电设备故障。引发此次大停电的诱因是西 64 街的 13kV 电缆发生故障起火。

（2）继电保护拒动导致故障范围扩大。在这次事件中，距离故障点最近的继电保护装置拒动，未能有效隔离局部故障，导致故障范围扩大。

（3）负荷转供能力不足。事故发生在纽约市的高峰负荷时期，故障范围附近的其他变电站和配电线路已经接近供电传输上限，无法进行快速有效

的负荷转供，导致电力中断。

（4）电力基础设施投资不足，老化问题突出。政府对城市电网的电缆、变压器和开关设备等关键部件投资不足，部分设备由于长期使用已经老化，运行可靠性大幅降低，增加了大规模停电的风险。

## 1.3.4 事故启示

### 1. 城市中心城区规划建设标准有待提高

纽约中心城区曼哈顿作为城市核心区域，社会经济正常运行严重依赖于电力供应，其对供电可靠性的要求更高。然而本次事件中，纽约市区一座138kV 变电站保护拒动即导致了中心城区发生停电，同时配电网设备转供能力不足，地铁等重要用户供电电源冗余度不够，导致单一故障影响范围迅速扩大，表明城市中心城区规划建设标准有待提高。

### 2. 配电网继电保护的有效配置需引起高度重视

配电网保护配置和相关要求总体低于输电网，重视程度相对不足，本次事件暴露出配电网保护配置不合理或拒动容易引发上级变压器跳闸、扩大事故范围、损失负荷，造成严重后果。

### 3. 提升配网自愈能力是提高配网终端用户供电可靠性的有效措施

智能可靠的配电自动化系统能够充分考虑配电网结构特点，快速转供负荷，减少停电范围。本次停电事件中若配电自动化系统能及时切换供电路径保证供电，可有效降低事件的影响范围、缩短停电持续时间。

### 4. 重要用户合理配置自备应急电源是有效降低电网大面积停电影响的重要保障措施

本停电事件中，曼哈顿核心商圈时代广场和洛克菲勒中心的大部分商业楼宇启动应急电源，但交通灯、百老汇等部分重要公共场所在失去外部电源的情况下难以维持供电，充分体现了推进重要用户配置自备应急电源的重要作用。

# 1.4　英国 "8·9" 大停电

2019 年 8 月 9 日 16 时 52 分，由于线路遭受雷击故障并引发多台机组相继跳闸，英国发生了大规模停电事件，损失负荷 3.2%，约有 110 万用户受到停电影响。此次大停电事故是自 2003 年 "伦敦大停电" 以来，英国发生的规模最大、影响人口最多的停电事故，暴露出新能源高渗透率电力系统在稳定性方面的挑战。

## 1.4.1　电力系统概况

英国电力系统包含英格兰和威尔士系统、苏格兰系统、北爱尔兰系统三大系统，其中北爱尔兰系统与另外两个系统通过直流联网。英国电网的主要电压等级包含 400、275kV 和 132kV（苏格兰系统），电缆、架空线长度分别在 1500km 和 23000km 以上，变电站和主变压器分别超过了 700 余座和 1200 余台。配电网的电压等级包含 132kV、66kV、33kV、11kV 和 400V（英格兰及威尔士系统），城市配电线路以电缆为主。

截至 2018 年底，英国共有 4 条跨国直流互联线路，其中 1 条连接爱尔兰（Woodland，容量 50 万 kW）、1 条连接法国（IFA，容量 200 万 kW）、1 条连接荷兰（BritNed，容量 100 万 kW）、1 条连接比利时（NEMO，容量 100 万 kW）。

截至 2018 年底，英国的发电总装机容量约为 902 亿 kW，其中气电装机容量占 33.5%、风电装机容量占 22.4%、光伏装机容量占 14.5%、煤电装机容量占 12.0%、核电装机容量占 10.2%，如图 1-10 所示。1996～2017 年英国各类电源装机容量比例变化如图 1-11 所示，其中，煤电在政府的高二氧化碳排放税限制下逐渐关停，以风电为主的新能源发电在新能源鼓励政策的驱动下发展迅速。英国政府计划在 2050 年实现"零碳"排放的目标。

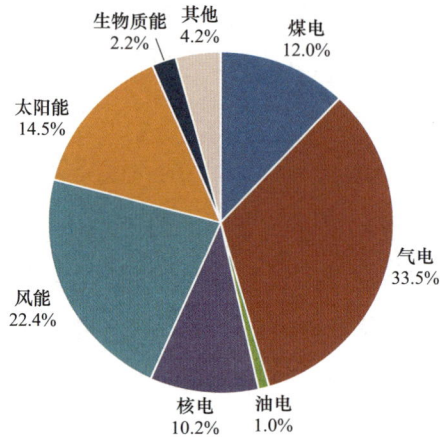

图 1-10　2018 年英国各类电源装机容量比例

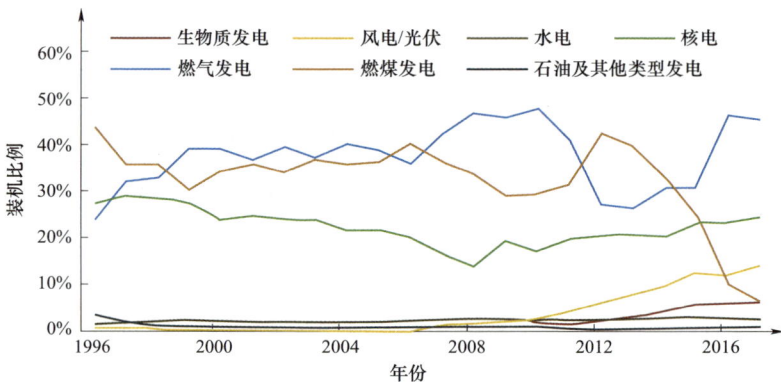

图 1-11　1996～2017 年英国各类电源装机容量比例变化

## 1.4.2　事故过程

### 1. 事故前系统状态

事故发生前，英国电力系统总负荷约为 323 亿 kW，各类型发电的比例分别为：风力发电 89 亿 kW（占 27%）、天然气发电 84 亿 kW（占 25%）、核能发电 62 亿 kW（占 19%）、分布式光伏发电 44 亿 kW（占 13%）、来自欧洲大陆的高压直流送电 23 亿 kW（占 7%），生物质发电 16 亿 kW（占 5%），燃煤发电 5 亿 kW（占 2%）。可以看出，事故前新能源及高压直流输入功率占比为 47%，这部分电源在故障期间无法提供支撑系统频率的转动惯量。英国电力系统发电侧旋转备用约为 400 万 kW。

### 2. 事故经过

根据英国国家电网发布的中期报告，事故发展过程可大致分为三个阶段，具体时序见表 1-1。

表 1-1　　　　　　　　事 故 发 生 时 序

| 时间 | 事件 |
| --- | --- |
| 16 时 52 分 26 秒 | 事故前电网状态：频率 50Hz，一次调频备用 100 万 kW |
| 16 时 52 分 33.000 秒 | 在 400kV 伊顿索肯-温德利输电线路附近检测到 3 次雷击 |
| 16 时 52 分 33.490 秒 | 伊顿索肯-温德利输电线路发生单相接地故障（C 相，故障电流约 28kA），C 相电压跌落约 50% |
| 16 时 52 分 33.520 秒 | 分布式电源因防孤岛保护电压判据动作而被切除约 15 万 kW（累计损失发电功率 15 万 kW） |
| 16 时 52 分 33.560 秒 | 故障后 70ms，故障切除（温德利侧） |
| 16 时 52 分 33.564 秒 | 故障后 74ms，故障切除（伊顿索肯侧） |
| 16 时 52 分 33.728 秒 | 霍恩海上风电场开始减载（事故前出力 79.9 万 kW） |
| 16 时 52 分 33.835 秒 | 霍恩海上风电场出力稳定在 6.2 万 kW（累计损失发电功率 88.7 万 kW） |
| 16 时 52 分 34 秒 | 几乎同时，小巴福德电厂 ST1C 蒸汽轮机跳闸，甩负荷 24.4 万 kW（累计发电功率 113.1 万 kW） |
| 16 时 52 分 35 秒 | 一次调频启动。分布式电源因防孤岛保护频率变化率判据动作切除约 35 万 kW（累计损失发电功率 148.1 万 kW） |
| 16 时 52 分 44 秒 | 一次调频释放至少 65 万 kW 电源出力以稳定频率 |
| 16 时 52 分 53 秒 | 伊顿索肯-温德利输电线路重合闸成功 |
| 16 时 52 分 58 秒 | 由于一次调频动作，系统频率跌落被阻断在 49.1Hz |
| 16 时 53 分 04 秒 | 一次调频已释放 90 万 kW 电源出力 |
| 16 时 53 分 18 秒 | 系统频率恢复至 49.2Hz |
| 16 时 53 分 31 秒 | 小巴福德电厂燃气轮机 GT1A 因保护动作跳闸，甩负荷 21 万 kW（累计损失发电功率 169.1 万 kW） |
| 16 时 53 分 32 秒 | 所有的一次调频量均已释放（约 100 万 kW） |

| 时间 | 事件 |
|---|---|
| 16 时 53 分 49 秒 | 频率跌落至 48.8Hz，低频减载动作，切除约 93.1 万 kW 的负荷 |
| 16 时 53 分 58 秒 | 小巴福德电厂燃气轮机 GT1B 手动跳闸，甩负荷 18.7 万 kW（累计损失发电功率 187.8 万 kW） |
| 16 时 57 分 15 秒 | 由于 100 万 kW 的一次调频动作量以及调控增加的 124 万 kW 出力，系统频率恢复至 50Hz |
| 16 时 58 分～17 时 16 分 | 英国配电网运营商开始恢复负荷 |
| 17 时 37 分 | 所有配电网运营商均已确认负荷全部恢复 |

（1）16 时 52 分 26 秒～53 分 18 秒，400kV 伊顿索肯－温德利（EatonSocon-Wymondley）输电线路遭受雷击跳闸，导致霍恩（Hornsea）海上风电场出力骤降 73.7 万 kW（因故障引发无功次同步振荡、振荡期间机组因过电流保护动作跳闸）、小巴福德（LittleBarford）电厂蒸汽轮机跳闸损失出力 24.4 万 kW（因机组三路转速信号测量不一致跳闸），低压分布式能源跳闸损失出力约 50 万 kW（因防孤岛保护跳闸），总计损失 148.1 万 kW 的发电容量，系统频率跌落至 49.1Hz。期间，系统一次调频约调出 90 万 kW 出力，最终使系统频率恢复至 49.2Hz。

（2）16 时 53 分 18 秒～58 秒，小巴福德电厂第 1 台燃气轮机跳闸甩负荷 21 万 kW（旁路运行不成功、蒸汽压力大跳闸），同时小巴福德电厂的第二台燃气轮机手动跳闸，甩负荷 18.7 万 kW（旁路运行不成功、蒸汽压力大），导致频率进一步跌落至 48.8Hz。随后，低频减载动作，切除约 93.1 万 kW 的负荷，频率开始逐步恢复至 48.9Hz 以上。

（3）16 时 53 分 58 秒～17 时 37 分，调度调控增加 124 万 kW 出力，系统频率恢复稳定，损失负荷逐步恢复。其中抽水蓄能发电在 16 时 55 分左右出力骤增，对主网的功率平衡起到了重要的调节作用。

### 3. 事故影响

据报道停电区域涉及英格兰中部地区、东南部、西南部和东北部及威尔士部分区域，影响用户达到 110 万。停电对英格兰本岛的交通运输造成较大影响，包括伦敦在内的部分重要城市发生机场短时停电、地铁与城际火车停运、道路交通信号中断等现象。

## 1.4.3　事故原因

（1）小巴福德燃气电厂跳闸。400kV 线路雷击故障后，小巴福德燃气电厂的蒸汽轮机（ST1C）由于机组三路转速信号测量不一致而跳闸，剩余 2 台燃气轮机采用蒸汽旁路运行模式，但蒸汽旁路系统压力过大也导致了其中 1 台燃气轮机（GT1A）自动跳闸，1 台燃气轮机（GT1B）手动跳闸。

（2）霍恩海上风电场大量风机脱网。400kV 线路雷击故障后，霍恩海上风电场电压跌落在故障穿越要求范围内［约 0.9（标幺值），如图 1－12 所示］，但由于风机控制系统不正确动作引发输出无功功率次同步振荡（见图 1－13），在第 2 个周期风电场吸收无功功率达到 56 万 kvar 后，风电场内部汇集站电压从额定的 34kV 跌落到约 20kV，导致风电机组过电流，风电机组保护动作使得大量机组脱网（出力从 79.9 万 kW 跌落到 6.2 万 kW）。

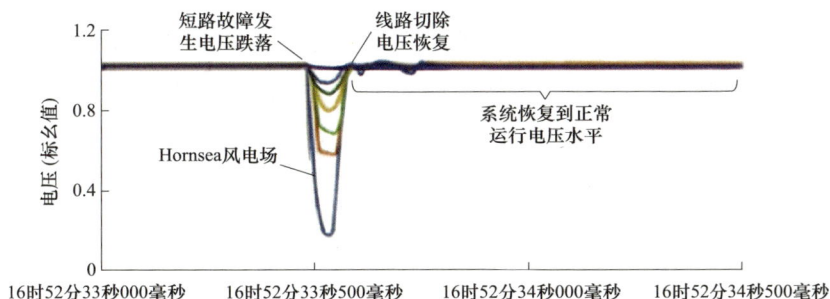

图 1－12　事件发生时英国各地故障相电压曲线

（3）分布式电源跳闸。400kV 线路雷击故障后，因系统电压波动，近 15 万 kW 分布式电源因防孤岛保护（基于电压判据）动作跳闸。风电和汽轮机跳闸后，因系统频率变化率超过设定值（0.125Hz/s），约 35 万 kW 的分

布式电源基于频率变化率的防孤岛保护动作跳闸，总计损失约 50 万 kW
出力。

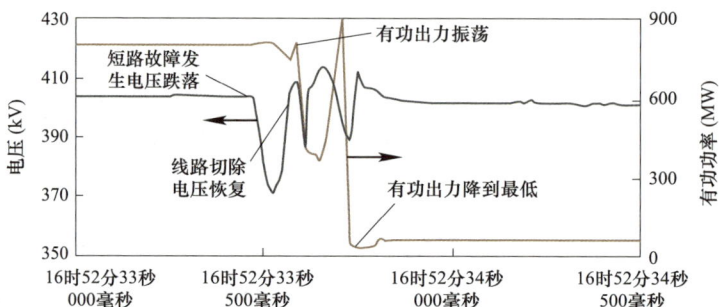

(a) Hornsea 风电场电压和有功曲线

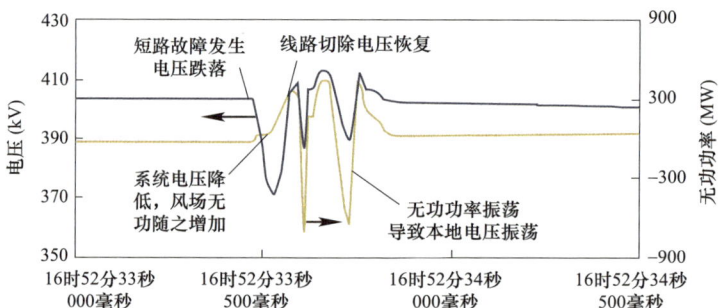

(b) Hornsea 风电场电压和无功曲线

图 1-13　事件发生时 Hornsea 风电场相关测量曲线

（4）新能源高占比导致转动惯量不足，备用容量低。事故发生前，新
能源及高压直流输入功率占比为 47%，这部分电源在故障期间无法提供支撑
系统频率的转动惯量，在损失了约 5.6% 的电源后，系统频率跌落超过 1.2Hz，
容易导致频率稳定问题。

## 1.4.4　事故启示

### 1. 新能源大量替代传统发电机组带来的系统频率特性下降问题需引起高度重视

火电、核电、天然气等常规电源转动惯量大，抵御系统频率扰动能力强，

是系统安全稳定运行的重要基础；而风电、光伏等新能源与系统频率解耦运行，无法提供转动惯量，这些新能源大量替代传统发电机组必然会恶化系统频率特性。本次事件中，英国电网新能源发电（风电和光伏）比例达到了40%，系统转动惯量不足，在损失了约 5.6%的电源后，系统频率跌落超过1.2Hz，频率稳定性显著降低。因此，在大规模新能源并网过程中，须保证电网中基本的传统机组容量，保障系统频率安全。

**2. 电网故障期间新能源涉网控制缺陷严重威胁系统安全稳定**

从本次事故过程来看，海上风电场由于控制系统动作不正确，在电网故障后引发次同步振荡，振荡期间大量风机无序脱网。同时，分布式发电在故障期间损失 50 万 kW，故障穿越能力仍需进一步验证。我国沿海地区的海上风电正快速发展，一旦发生类似新能源大规模脱网事故或次同步振荡，将可能造成系统频率失稳或主网次同步振荡，严重威胁系统安全稳定。因此，必须加强大规模风电等新能源并网后的涉网技术研究，加强并网管理，确保大规模新能源并网后安全稳定运行。

**3. 合理的运行备用水平是电力系统安全运行的重要基础**

本次事件中，英国电网一次调频备用设置（100 万 kW）仅考虑了网内单台最大机组容量，但在系统发生连续故障时，无法满足频率稳定要求，致使低频减载装置动作切除了部分负荷。因此，我国应着力提升运行备用水平，其设计标准应从基于单一复杂故障逐步向多重故障的过渡，提高电网安全稳定运行能力。

**4. 低频减载措施是防止频率崩溃的重要措施**

此次事件过程中两座发电站及大量分布式能源接连跳闸，超过了系统一次调频备用容量，但通过低频减载切除约 93.1 万 kW 的负荷，成功恢复了系统频率。从近两年巴西、阿根廷发生的大停电事故来看，系统由于故障导致功率发生大幅缺额，低频减载量不足是导致最终发生大面积停电的重要原因。因此，合理可靠的低频减载措施是极端情况下保障系统频率稳定的重要措施。

# 第 2 章

## 2020 年国际大停电事故

# 2.1　委内瑞拉"5·5"大停电

2020 年 5 月 5 日 15 时 40 分,委内瑞拉国家电网 765kV 干线遭到攻击,引发了全国大面积停电,停电范围涵盖了全国 23 个州府中的 19 个。事故发生后委内瑞拉国家电力公司迅速组织人力进行抢修,于 1h 后基本恢复了供电。

## 2.1.1　电力系统概况

委内瑞拉电力系统概况已在 1.1.1 中进行了介绍,此处不再赘述。

## 2.1.2　事故过程

### 1. 事故经过

2020 年 5 月 5 日 15 时 40 分,委内瑞拉电网 765kV 线路遭到攻击,发生故障跳闸,导致全国 60%的供电受到影响。16 时 40 分,部分州和首都的供电逐渐恢复。

### 2. 事故影响

此次停电事故导致委内瑞拉全国约 60%区域的供电受到影响。根据全球非营利性网络监管组织(NetBlocks)统计的委内瑞拉国内网络通信数据,包括首都加拉加斯在内的 19 个州受到影响,其中有 7 个州受到严重影响,另外 12 个州受到的影响较小。

## 2.1.3　事故原因

(1)蓄意攻击。时任委内瑞拉政府副总统罗德里格斯认为,事故原因是委内瑞拉国家电网的 765kV 线路遭到蓄意攻击。

（2）长期以来电力系统管理不善，在面对网络攻击时非常脆弱。委内瑞拉电力系统自身存在风险和薄弱点，包括关键线路运维不当、关键厂站、线路等敏感信息存在泄露风险等，遭受网络攻击容易导致大面积故障停电。

## 2.1.4 事故启示

### 1. 关键厂站、线路故障可能引发连锁反应，造成大面积停电

此次委内瑞拉电网 765kV 输电通道线路故障造成全国大面积停电，2019 年 3 月委内瑞拉因古里水电站故障也造成大面积停电。近年来国际上发生的多起大停电事故也是由于关键厂站、线路故障后引发连锁反应最终导致大停电发生。说明电力系统自身存在的风险点和薄弱点一旦发生故障或受到外部攻击而遭到破坏，极有可能造成系统性的失稳，引发大面积停电。

### 2. 关键厂站、线路等敏感信息存在泄露风险

委内瑞拉电网近年来已发生多起针对电网中重要输电走廊、大型水电站及关键变电站的袭击和破坏，并造成大面积停电，说明上述关键厂站、线路等敏感信息可能被敌对势力掌握并加以利用，成为重点攻击的目标。由此可见，电网中可能造成系统破坏的风险点、关键厂站、线路的地理位置等敏感信息至关重要，一旦通过各类研究设计报告、工作方案、招投标资料、信息系统、论文专利、新闻报道等途径泄露，极可能造成严重后果。

### 3. 关键厂站、线路可能成为物理打击电力系统的首选目标

电力系统厂站的安全防护设计一般采用民用标准，厂站安保措施较为薄弱，较难抵御暴恐袭击和军事打击。一旦被敌方掌握枢纽变电站、交叉跨越、同走廊线路等敏感信息，对其实施定点攻击，可能对整个系统造成毁灭性破坏。由于此种定向攻击手段成本低、造成社会影响大，极有可能成为敌对势力物理打击电力系统的方式。

# 2.2 黎巴嫩 "8·4" 大爆炸破坏电网调度与总部大楼

2020 年 8 月 4 日傍晚，黎巴嫩首都贝鲁特港口区发生了两次剧烈爆炸，导致贝鲁特市区大量建筑物受损（包括电网调度与总部大楼），电力和通信网络发生中断。黎巴嫩总理证实，此次爆炸由 6 年前被扣押并存放在港口的 2750t 硝酸铵引发，其威力堪比一颗小型核弹爆炸。

## 2.2.1 电力系统概况

黎巴嫩国土面积 10452km²（作为对比，广州市 7434km²）。电力行业基本为黎巴嫩国家电力公司（EDL）垄断，该公司属国营性质，且由于长期亏损，只能靠政府财政补贴维持经营。黎巴嫩电网的电压等级主要包含 220、150kV 和 66kV，其输电线路主要采用双线环网接线。

截至 2019 年，黎巴嫩电力系统装机容量 374.8 万 kW，其中燃油发电占比超过 90%。2019 年发电量为 216 亿 kWh，其中燃油发电量 204.73 亿 kWh，占 94.78%。

1975—1990 年黎巴嫩内战导致该国大部分电力设施毁坏，内战结束后近三十年电力设施并没有完全恢复，电厂机组老旧、燃气机组改用柴油、燃料长期供应不足、非法窃电过多导致电力供应完全跟不上社会负荷需求，因此黎巴嫩长期执行周期性、计划性的电力断供，其中首都贝鲁特一般是停电 3h/天，其他地方甚至可能达 12h/天。从 2020 年夏天开始，由于经济危机影响发电燃料进口，部分地区一天的停电时长甚至达到 20h。长期性停电迫使黎巴嫩企业和居民转向自备柴油发电机或向小型私营发电商（拥有几台至十几台柴油发电机）购电来满足电力需求。据统计，92% 的黎巴嫩家庭已自备发电机或向小型私营发电商购电，91% 的企业拥有或共有自备发电机。在首都贝鲁特城，私人发电机可为企业提供超过 50%的用电量；越偏远的地区，对私人发电机的依赖性越大，如南部奈拜提耶（Nabatieh）地区，私人发电机可提供该地区 69%用电量。

## 2.2.2　事故过程

### 1. 事故经过

8 月 4 日 18 时左右，黎巴嫩首都贝鲁特港口区接连发生两次严重爆炸，爆炸波及 240km，导致首都贝鲁特大部分地区的供电受到严重影响，包括黎巴嫩国家电力公司总部大楼（距离爆炸点直线距离 650m 左右）在内的大量建筑物严重损坏。

### 2. 事故影响

该起爆炸事故已导致超过 170 人死亡，超过 6000 人受伤，约 30 万人无家可归（主要是距爆炸原点半径 3km 内的居民），经济损失预计 30 亿～50 亿美元。

贝鲁特整个城市大部分地区供电都因此次大爆炸而受到影响。此外，黎巴嫩国家电力公司的总部大楼距离爆炸点直线距离 650m 左右，受到爆炸冲击波影响而严重损坏，电网控制中心"彻底失灵"，电网控制将暂时在巴萨利姆（Bsalim）站通过盲调方式进行，以确保首都救灾行动期间电力供应的"最大覆盖"。

截至 8 月 6 日 14 时，爆炸点附近街区依然没有恢复供电，部分电力公司工作人员在电力大楼内进行协调抢修，并试图用手动配电方式恢复停电区域的供电，但效果并不理想。由于爆炸严重损坏 EDL 总部大楼，位于总部大楼的 EDL 官网服务器被破坏，外界无法在事故发生后第一时间获取停电相关信息。

## 2.2.3　事故原因

（1）化学燃料爆炸。据黎巴嫩官方证实，贝鲁特爆炸事件由 2750t 硝酸铵［相当于 1155t 三硝基甲苯（TNT）］被引燃发生爆炸导致，硝酸铵是一种化合物，主要用于农业作为高氮肥料，也是一种常见的工业炸药。2014年，一艘载有 2750t 硝酸铵的货船从格鲁吉亚出发前往莫桑比克，船行至黎巴嫩附近海域时发生技术问题停靠贝鲁特港，这些硝酸铵随后便卸在了贝鲁特海港 12 区的港口仓库，并停留至事故发生时段。8 月 4 日下午，工作人员在检查隔壁另一个存有炸药的仓库时，发现库门急需维护，于是开始焊接库房门，期间焊接火花引燃了仓库中的炸药，并引发了爆炸火灾，大火升温导致在隔壁库房中存放的硝酸铵发生连锁爆炸。

（2）政府对于安全隐患的忽视。港口仓库常年管理不善、缺乏必要的安全措施和严格监管，进而导致大量可燃物与硝酸铵一同存放，最终引发爆炸。

## 2.2.4　事故启示

### 1. 危化品和易燃易爆品爆炸等外力破坏严重威胁电网安全

本次黎巴嫩贝鲁特 2750t 硝酸铵爆炸，相当于一颗小型战术核弹，爆炸冲击波波及范围约 20km，导致国家电力公司总部大楼严重受损及附近街区电力设施破坏，造成大面积停电且恢复困难。近年来，国内也曾出现过类似危险化学品或易燃易爆品爆炸事故，例如 2015 年"8·12"天津滨海新区爆炸、2019 年"3·21"江苏盐城爆炸、2020 年"6·13"浙江温岭油罐车爆炸等。危化品和易燃易爆品一旦发生爆炸，威力大、影响范围广，若爆炸源位于电网调度大楼、关键厂站、关键线路附近，将对电力设施造成巨大破坏，对电网安全造成极大威胁。

### 2. 备用调度机构在主用调度机构遭破坏等极端情况下尤其重要

黎巴嫩贝鲁特大爆炸导致附近的国家电力公司总部大楼严重受损，电网调度中心"彻底失灵"，由于缺乏备调，黎巴嫩不得不采取在某个变电站内盲调的方式来指挥电网，一方面拖累了爆炸影响区域的供电恢复；另一方面，

一旦电力系统中的风险点和薄弱点发生故障而得不到及时的调度调整，极有
可能造成系统性的失稳，引发全国性的大面积停电。根据 GB/T 50980—2014
《电力调度通信中心工程设计规范》，我国电力调度中心大楼设计建设中对防
火和抗震提出了特殊要求，但对于危化品、易燃易爆品爆炸等外力破坏防范
能力有限，而电网调度大楼等核心场所一旦被破坏，电网失去调度指挥控制，
并且没有备用调度机构，那么电网安全将受到严重威胁。

### 3. 电网应急响应能力不足将阻碍电网发生严重故障后的恢复

据报道，黎巴嫩贝鲁特大爆炸摧毁电网调度中心后，电力公司部分工作
人员在电力大楼内进行协调抢修，并试图用手动配电方式恢复贝鲁特相关区
域的供电，但效果并不理想，停电时间超过 2 天，这也暴露出黎巴嫩电力公
司缺乏应急响应预案或应急处置、恢复能力不足的问题。

# 2.3　美国加利福尼亚州"8·14"大停电

2020 年 8 月 14 日，由于罕见的高温天气导致电力需求激增，加上光伏
发电在傍晚出力下降，以及燃气机组的出力不足，美国加利福尼亚州（以下
简称"加州"）发生了大规模停电事件。加州电力系统独立运营商（CAISO）
发布了三级电力紧急状态（近 20 年来发布的最高等级紧急状态），最长停电
时间达到 150min，约 49.2 万用户受影响。8 月 15 日，CAISO 再次实施了轮
流停电，停电时间最长达到 90min，约 32.1 万用户受影响。

## 2.3.1　电力系统概况

美国电网总体概况参考 1.3.1 节，加州电网属于美国西部电网，其北部
与俄勒冈州电网互联，南部与亚利桑那州、墨西哥等电网互联，可以通过跨

州输电线路从互联电网中得到电力供应。加州独立系统运营商负责加州 80% 的电网运营，并管理南加州爱迪生、太平洋天然气和电力公司、圣地亚哥天然气和电力公司等主要的电力公司。

截至 2018 年底，加州电网总装机容量约 8000 万 kW，其中天然气发电装机容量约 4100 万 kW，大型水电装机容量约 1200 万 kW，光伏装机容量约 1200 万 kW，风电装机容量约 600 万 kW，核电装机容量约 240 万 kW，其余类型装机容量约 660 万 kW。2018 年，加州的总发电量（州内发电量加上净电力进口量）为 2854.9 亿 kWh，清洁能源发电量占 53%。2018 年加州电网最高负荷为 4642.7 万 kW。

加州电网共有变电站 3200 座，其中，旧金山湾区内共有变电站 526 座，包括 345～500kV 的变电站 5 座，220～287kV 的变电站 83 座，110～161kV 的变电站 196 座，33～92kV 的变电站 237 座，12～32kV 的变电站 5 座。

## 2.3.2 事故过程

此次美国加州停电事故是自 2001 年以来加州最严重的电力危机，停电由持续高温天气、山火频发、新能源波动大等多方面因素叠加造成，事故经过如下：

（1）2020 年 8 月 14 日下午，由于罕见的高温天气导致电力需求激增，叠加山火导致输电能力不足，美国加州非计划停电长达 4h，限电负荷达 89 万 kW，约 200 万人受到影响。当晚加州电力独立运营商发布了自 2001 年以来的第一次全州三级电力紧急状态。

（2）8 月 15 日下午，因风电出力大幅波动，其他发电机组快速升降出力以保持供电平衡。然而，由于机组调节速度有限，在 17 时 10 分～18 时 05 分期间加州电网电力缺口达到 142 万 kW；18 时 25 分，事故备用已低于 6%，加州电力调度控制中心再次启动三级紧急状态，按比例切负荷 47 万 kW。18 时 47 分，负荷全部恢复，期间超过 20 万用户受到影响。

（3）8 月 17 日，加州电网再次实施了 1h 的轮流限电措施，电力供需紧张对电力及上游能源市场造成了一系列连锁影响。一方面，天然气价格飞速上涨，每立方米天然气价格三天内上涨 2.19 美元，平均价格达到 6.655 美元，约为平时价格的 2 倍。另一方面，由于加州在电源侧的调峰资源基本依靠天然气机组，天然气价格迅速上涨直接传导到电力现货交易市场，导致尖峰电价最高达 1 美元/kWh，与当地居民平时用电平均成本 19.2 美分/kWh 相比，超出 300 倍。

## 2.3.3　事故原因

（1）电源充裕度偏低，无法满足极端高温天气负荷需求。8 月中旬加州及美国西部地区经历了 35 年一遇的极端高温天气，连续 6 天的高温热浪使得加州负荷超出预期。根据 CAISO 发布的报告，加州电源充裕度主要参考 2 年一遇高温天气的高峰负荷，并考虑 15% 裕度的原则进行安排，对于极端情况下超出预期的高峰负荷无法做出有效应对（8 月 14 日实际负荷较预计偏高达到 4.8%，加上机组非计划停运、出力受限及安全裕度要求，实际需求已超出 15% 的裕度）。

（2）新能源占比高，系统调节能力不足。加州近年来大力发展的光伏、风电等新能源无法持续提供可靠的电力供应（尤其是在太阳下山之后或无风时）。据统计，8 月 14 日下午光伏发电最大出力占加州总负荷比例约 23%，但在 18 时 51 分时，风电和光伏发电相较于下午减少了约 543 万 kW。相对而言，加州主网供电负荷曲线在中午时到达低点，但在 15 时之后供电负荷需求开始急剧上升，与光伏发电特性正好相反，而系统调节能力不足也加剧了下午及晚间时段的限电问题。

（3）山火频发影响输电通道，导致电力供应能力下降。8 月以来加州高温天气导致多地山火蔓延，不仅造成部分输电线路直接烧毁，还导致多条重要输电通道非计划停运或减功率运行，严重影响电力供应。

（4）日前市场竞价负荷大幅偏低，无法反映供应紧张局面。8 月 14 日和 15 日发生电力危机期间，加州电力现货日前市场安排竞价负荷较实际情况大约低了 340 万 kW（7.5%），导致较多外送电源出清，进一步挤压加州州内电源供应裕度，并掩盖了州内电力供应紧张的情况，无法准确反映加州电力系统的电力供需平衡情况。

（5）加州电力系统缺乏统一管理。加州电力系统的负荷预测由加州能源委员会负责，电源规划和建设方案、需求响应由加州公共公用事业委员会负责，电网运营则由 CAISO 负责，多部门之间的协调效率较低，在加州新能源大规模接入、负荷变化超预期时难以进行多部门的联动，无法及时采取有效的应对措施。

## 2.3.4  事故启示

### 1. 新能源大规模接入后系统调节能力建设要引起高度重视

近年来美国加州大力发展新能源，截至 2019 年底，加州新能源装机容量占比接近 25%，其中光伏装机容量为 2740 万 kW，占比约 16%。由于环保政策和盈利问题，近几年大量燃气机组关闭或退役，导致常规调节电源配置容量不足。事故当天晚间由于光伏出力骤降，电网供电能力大幅下降，加州电网不得不采取轮流限电措施以应对晚间高峰负荷。限电事件再一次表明光伏、风电等新能源出力具有波动性，无法满足全时段、全天候供电要求，大规模接入后要高度重视系统调节能力建设。

### 2. 统一规划和统一调度是保证电力供应的有效手段

加州电网由南加州爱迪生等多个电网公司独立投资建设和运行维护，各电网公司分别根据加州能源委员会的中长期负荷需求预测和相关可靠性准则开展所属电网的规划建设，缺乏统一协同。同时，加州电网所属的美国西部电网由多个主体进行运营调度，缺乏顶层统一调度。当 8 月持续高温天气影响美国西部多州时，加州电网无法及时得到外州足够的电力支援，导致出现电力短缺。相比较而言，我国统一规划和统一调度的管理机制从根本上保证了电源、电网、负荷的协调发展，增强了对于严重设备故障、自然灾害、极端天气等应对处置能力，有效保障了电力的安全可靠供应。

### 3. 重要输电通道安全是电网安全运行的基础

加州大面积限电事故中，山火频发导致重要输电通道非计划停运甚至被烧毁，降低了输电网输送能力，引发电力供应短缺。我国电力系统同样也面临山火等自然灾害威胁的风险，"西电东送"通道跨越多省区，线路距离长、走廊环境复杂，山火、树障、洪涝、地震、外力破坏等因素威胁输电通道安全，一旦发生重要输电通道故障或非计划停运，将严重影响电力供应甚至威胁大电网安全稳定运行。

### 4. 对电力行业的持续支持和投入是保障电力供应的基础

近年来，以美国为代表的部分国家受电力行业自由化、过度追求经济效益等因素影响，设备运营商过度分散，对电力行业支持和投入力度不足，设备老化、陈旧问题十分严重，难以维持电网可靠供电和安全运行。2019、2020 年加州连续发生电力危机事故充分证明，电力作为重要基础设施，缺乏持续的投入、统一的规划，日益老旧的电力设施和持续增长的用电需求间的矛盾凸显，正常情况就可能难以保障电力供应，异常情况下抵御严重故障能力更显不足，极易引发大面积停电事故。

# 2.4　斯里兰卡"8·17"大停电

2020 年 8 月 17 日 12 时 30 分，斯里兰卡凯拉瓦拉皮蒂亚（Kerawalapitiya）变电站因在检修期间发生人为误操作而全站失压，所引发的连锁性故障导致了该国自 2016 年以来最为严重的全国性大停电事故，约 2100 万人受影响。电力恢复过程持续 7 个多小时，期间多次发生恢复失败。截至当日 20 时 30 分，除北方省、北中央省和乌沃省 3 个省外，斯里兰卡 80% 的电力供应已恢复。

## 2.4.1　电力系统概况

斯里兰卡是位于印度洋海上的一个热带岛国，全国总人口约 2180 万。

锡兰电力公司（Ceylon Electricity Board）负责斯里兰卡全国电力的发电、输电、配电、售电业务。

斯里兰卡电网未同其他国家联网，主干输电网电压等级为 220kV 和 132kV，基本形成 1 个围绕全国的 220kV 大环网和 1 个围绕首都科伦坡的 220kV 小环网，如图 2-1 所示。截至 2018 年，斯里兰卡电网 220kV 变电站共有 9 座，输电线路长度为 601km；132kV 变电站共有 61 座，输电线路为 2338km。

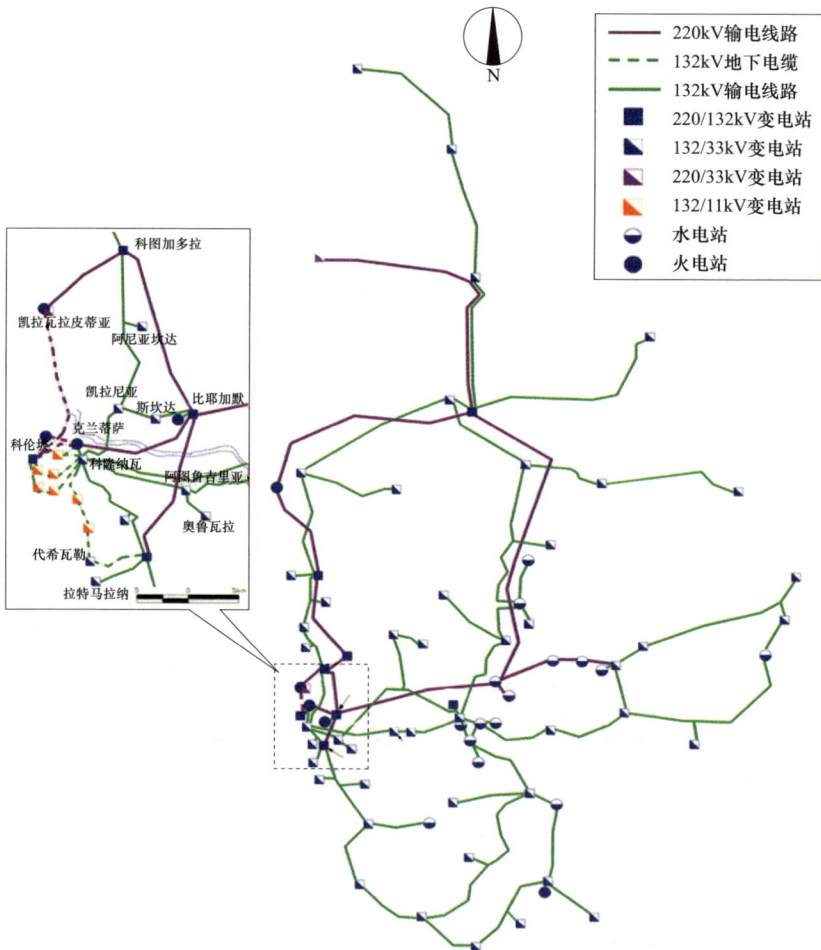

图 2-1　斯里兰卡主干输电网结构示意图

截至 2018 年，斯里兰卡电网装机容量为 404 万 kW，其中火电装机容量占 50.3%，水电装机容量占 44.3%，光伏、生物质能和风电装机容量占 5.4%。年最大负荷需求为 262 万 kW，发电量达 153.7 亿 kWh，各类型发电量占比如图 2-2 所示，其中火电发电量（含煤电及油电）占 54.59%，水电发电量（含大型水电及小水电）占 41.51%。

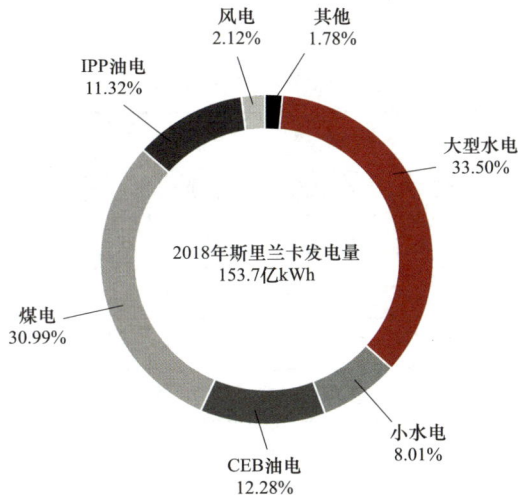

风电 2.12%
其他 1.78%
IPP油电 11.32%
大型水电 33.50%
2018年斯里兰卡发电量 153.7亿kWh
煤电 30.99%
小水电 8.01%
CEB油电 12.28%

图 2-2　斯里兰卡电网 2018 年各类型电源发电量占比

## 2.4.2　事故过程

### 1. 事故经过

（1）事故前，凯拉瓦拉皮蒂亚变电站处于检修状态，导致其对外联络薄弱，仅通过不足 2 回 220kV 输电线路将电力送出。

（2）2020 年 8 月 17 日 12 时 30 分，凯拉瓦拉皮蒂亚变电站在检修期间因人为误操作合上母线接地开关，发生母线三相短路故障而引起全站失压。

（3）凯拉瓦拉皮蒂亚变电站失压导致凯拉瓦拉皮蒂亚发电厂（燃油火力发电站，容量为 30 万 kW，可以满足全国 12% 的电力需求）发生失稳而全停，电网出现较大功率缺额，频率大幅波动，进而引发连锁性故障，包括装机容量最大的诺拉乔莱（Norachcholai）电厂（燃煤电厂，容量为 90 万

kW）在内的多个电厂因过频保护动作而发生跳闸，最终导致全国性大停电。

（4）事故造成诺拉乔莱燃煤电厂全停且设备故障，需要检修 4 天才可重新恢复并网。由于该电厂日常出力占斯里兰卡全网负荷的 1/3 左右，斯里兰卡电网面临严重的缺电，锡兰电力公司已于 18 日宣布开启为期 4 天的全国有序用电措施，全国将分为 4 组，每组每天轮流停电 2h45min，有序用电分组时间安排见表 2－1。

表 2－1 停电事故后斯里兰卡限电计划

| 工作日 | | | | 周末 | |
|---|---|---|---|---|---|
| 时间 | 限电组别 | 时间 | 限电组别 | 时间 | 限电组别 |
| 10 时～11 时 45 分 | A | 18 时～19 时 | A | 18 时～19 时 | A |
| 11 时 45 分～13 时 30 分 | B | 19 时～20 时 | B | 19 时～20 时 | B |
| 13 时 30 分～15 时 15 分 | C | 20 时～21 时 | C | 20 时～21 时 | C |
| 15 时 15 分～17 时 | D | 21 时～22 时 | D | 21 时～22 时 | D |

### 2. 电力恢复

事故发生后，锡兰电力公司开展紧急抢修和黑启动工作，但在电力恢复过程中出现了黑启动机组故障无法启动、黑启动过程中分布式光伏接入导致电力不平衡、重建主网架时频率振荡等问题，导致 7 次恢复均告失败。

截至当天 19 时，全国电力恢复约 50%。截至 20 时 30 分，电力已恢复至事故前的 80%，除北部、北部中部和乌沃省外，该国大部分地区已恢复供电，恢复过程耗时总计超过了 6h。

## 2.4.3 事故原因

（1）人为误操作。事故起因是凯拉瓦拉皮蒂亚变电站检修时人为误操作发生接地故障，凯拉瓦拉皮蒂亚电厂与主网联系削弱的情况下失稳并全停，进而引发连锁性故障。

（2）电源结构不合理，单一电源占比过大。凯拉瓦拉皮蒂亚电厂可供应斯里兰卡全国 12%的电力需求，全厂跳闸后导致连锁性故障。在连锁故障过程中，供应全国约 1/3 电力的诺拉乔莱电厂全厂停机并长时间难以恢复，引发全国性大停电。同时，斯里兰卡电网在恢复运行后，仍因发电容量不足而长时间面临限电困境。

（3）电力投资不足。在事故前较长一段时间内，斯里兰卡财政困顿、外债沉重，尽管人均用电量迅速攀升，但电网装机容量无明显增长，电力供应不足，电费价格较高。同时，有相当一部分的电站超出运行年限、老化严重等问题，其运行可靠性和效率均显著降低。

## 2.4.4　事故启示

### 1. 检修方式下的电网运行风险管控需引起高度重视

在检修方式下，电网网架强度被大幅削弱，抵御严重故障的能力降低，特别是在检修及复电期间，人为误操作、误碰等原因造成设备跳闸的风险加大，一旦导致三相短路故障或关键设备跳闸，易引发连锁故障导致大面积停电甚至系统稳定破坏。2019 年发生的"6·16"阿根廷—乌拉圭大停电也是由于检修方式下重要输电通道故障引起系统崩溃，因此，检修方式下的运行风险及人为误操作风险需引起高度重视并严格加以管控。

### 2. 合理的电源布局是预防大面积停电的坚实基础

斯里兰卡电源种类较少，且单一电源占比过大，一旦故障必然严重冲击系统运行，影响电网安全稳定运行，极易引发大面积停电事故。而单一大电源故障后，导致系统出现较大功率缺额，也将严重影响电力供应。

### 3. 黑启动能力不足将阻碍大面积停电后电网的恢复

斯里兰卡大停电发生后，电力公司在恢复电网过程中出现多次失败，导致电网恢复缓慢，停电时间长达 7 个多小时。历次大停电事故的经验和教训表明，黑启动能力是在电网大面积停电或全部停电后能快速而有序恢复的必需条件。缺乏黑启动相关的技术、预案和应急演练，将导致事故发生后长时间无法恢复正常供电。

### 4. 对电力行业的持续支持和投入是保障电力供应的基础

近年来，以斯里兰卡为代表的部分发展中国家由于经济下行、国内政局动荡等因素，基本没有系统性地针对电力基础设施进行投资，工业生产、商业活动长期受到影响，而经济下行则进一步制约了老旧电力设备的维护和升级，无法适应经济社会发展对电力供应的需求，电网应对风险能力薄弱，极易引发大面积停电事故。

# 2.5　墨西哥"12·28"大停电

2020 年 12 月 28 日下午，墨西哥帕迪拉市的草原火灾触发了电网连锁故障，导致北部与中部电网的 400kV 输电线路跳闸，随之引发的系统振荡和频率异常问题使得 926 万 kW 的发电容量因过频保护跳闸，系统功率失衡，870 万 kW 负荷被切除。停电事故波及包括首都墨西哥城在内的 12 个州，导致约 1030 万人用电中断。停电事故发生 1h44min 后，损失负荷基本恢复供电，系统恢复稳定。

## 2.5.1　电力系统概况

墨西哥电网分为北部电网、北下加利福尼亚电网、南下加利福尼亚电网和南部电网 4 部分，为全国 97%的人口供电。其中，北部电网与美国的得克萨斯州相连，南部电网规模最大。墨西哥主干输电网电压等级为 400kV 和 230kV，潮流方向主要为由南向北、由外向内。输电线路全长约 11 万 km，其中 400kV 和 230kV 输电线路总长度超过了 5.4 万 km。

截至 2018 年底，墨西哥全国电力总装机容量约 7005 万 kW，其中，火电装机容量占 65.8%，水电装机容量占 18%，风电装机容量占 6.8%，光伏装机容量占 2.6%，其余装机容量占 6.8%。2018 年，墨西哥国家互联系统最

大负荷 4517 万 kW，全年发电量 3002 亿 kWh。

墨西哥电力机构主要有能源部（SENER）、能源监管委员会（CRE）、国家能源控制中心（CENACE）和国家电力公司（CFE）。能源部负责国家能源政策和电力系统规划制定；能源监管委员会负责电力市场监管、发电许可颁发、电力市场运行监管规则制定；国家能源控制中心负责电力系统调度、规划和电力市场运营；国家电力公司拥有墨西哥电网大部分资产，提供发电、输电、配电一体化服务，在输电和配电领域处于寡头地位。

## 2.5.2   事故过程

### 1. 事故经过

（1）12 月 28 日下午，墨西哥东北部帕迪拉市发生草原火灾。14 时 28 分，火灾导致北部与中部电网联络断面（共 6 回 400kV 线路）的 2 回同走廊 400kV 输电线路相继跳闸。随后系统潮流发生大范围转移，引发断面另外 2 回输电线路跳闸。

（2）4 回 400kV 线路跳闸后，系统发生振荡，振荡期间频率最大上升至 61.82Hz（系统额定频率为 60Hz），导致 926 万 kW 机组（含 171 万 kW 光伏和 88 万 kW 风电）因过频保护或高频切机动作跳闸。

（3）由于大量机组脱网，系统功率大幅不平衡，导致频率又跌落至 58.9Hz 以下，低频减载动作切除 870 万 kW 负荷（约占当时总负荷的 26%）。

### 2. 电力恢复

从 14 时 33 分开始，供电开始恢复，截至 15 时 30 分，约 470 万用户恢复电力供应。停电发生后 1h 44min，损失负荷基本恢复供电，系统恢复稳定。

### 3. 事故影响

本次停电事故波及包括首都墨西哥城在内的 12 个州，导致约 1030 万人用电中断接近 2h，损失负荷比例约占当时总负荷的 26%。

### 2.5.3　事故原因

（1）火灾引发关键输电通道线路故障跳闸。在本次事故中，火灾导致北部与中部电网联络断面的 2 回同走廊 400kV 输电线路相继跳闸，引发潮流大范围转移，是后续连锁故障的起因。

（2）安全稳定策略尚不完善，频率振荡容易引发系统不稳定。在此次事故过程中，墨西哥电网频率振荡导致大量机组因过频保护而被切除，表明其存在系统阻尼不足和安全稳定配置缺失等问题，系统动态稳定性分析和控制策略亟须优化。

### 2.5.4　事故启示

#### 1. 重要输电通道安全是电网安全运行的重要基础

本次墨西哥大停电事故的起因是山火引发同走廊的 2 回主干输电通道相继跳闸。类似地，我国"西电东送"通道跨越近 2000km，走廊环境复杂，山火、覆冰、树障、外力破坏等因素容易威胁输电通道安全，导致大停电事故的发生。

#### 2. 灾害监测预警及处置是保障重要输电通道安全的重要手段

墨西哥帕迪拉市发生草原火灾后，没有及时采取应急处置措施，导致同走廊的 2 回主干输电线路在接近满载的情况下相继故障跳闸，引发后续连锁故障。类似地，我国部分区域山火、覆冰等自然灾害频发，若对重要输电通道附近灾害监测不到位、预警及应急处置不及时，将可能引发多回同走廊线路、交叉跨越线路故障跳闸，从而引发大面积停电。

# 第 3 章

# 2021 年国际大停电事故

# 3.1 欧洲大陆"1·8"同步电网解列

2021 年 1 月 8 日，欧洲大陆同步电网发生解列并导致部分区域停电。事故由克罗地亚的埃内斯蒂诺沃（Ernestinovo）变电站高压母联断路器跳闸引起，此后连锁反应导致多条输电线路跳闸，最终使得欧洲电网解列为西北和东南电网两部分。事故造成法国和意大利共 170 万 kW 可中断负荷被切除，大量负荷因频率和电压剧烈波动而脱网。在故障发生后约 2h，欧洲西北和东南区域电网重新实现同步。

## 3.1.1 电力系统概况

欧洲电网由 5 个同步电网通过直流输电系统互联，分别为欧洲大陆同步电网、北欧同步电网（包括北欧 4 国）、英国同步电网、爱尔兰同步电网、波罗的海同步电网（包括波罗的海 3 国）。欧洲大陆同步电网作为世界上最大的同步大电网之一，为 26 个国家的 5 亿多用户提供电力，包括大部分欧盟成员国和部分东南欧非欧盟成员国。主干输电网主要电压等级有 500、400、300、220kV，各国电网彼此联系紧密。

欧洲输电系统运营商（ENTSO-E）负责欧洲电网的调度运行，ENTSO-E 成员包括 35 个国家的 42 家输电系统运营商（TSO）。根据 ENTSO-E 公布统计数据，截至 2018 年底，欧洲电网总装机容量约 11.6 亿 kW，2018 年用电量约 3.6 万亿 kWh，2018 年最高负荷约 5.9 亿 kW。

此次事故的故障点是克罗地亚的 400kV 埃内斯蒂诺沃变电站，该变电站为连接西北欧和东南欧的枢纽变电站（潮流通常自东南向西北），采用双母分段接线方式，通过 3 回输电线路连接至西北方向的克罗地亚泽尔亚维内茨（Zerjavinec）站和匈牙利佩奇（Pecs）站，通过 2 回输电线路连接至东南方向的波黑乌格列维克（Ugljevik）站和塞尔维亚斯雷姆斯卡米特罗维察（Sremska Mitrovica）站。

## 3.1.2 事故过程

### 1. 事故前系统状态

（1）2021 年初，由于东正教圣诞节假期刚结束，巴尔干半岛气候温暖，克罗地亚及其周边国家的电网负荷相对较低。与此同时，中部欧洲因寒冷天气负荷偏高，导致整个欧洲大陆同步电网的电力潮流从东南部向西北部流动，特别是克罗地亚的埃内斯蒂诺沃变电站附近潮流高于计划值，达 630 万 kW。电网内的传统机组和新能源机组出力均符合市场预期，且未出现非计划停机或检修活动，表明系统在事故前整体运行状态基本正常但存在局部负荷压力。

（2）2021 年 1 月 5 日，埃内斯蒂诺沃-佩奇 Ⅱ 线路因检修而停运，使得埃内斯蒂诺沃变电站内潮流呈现典型的跨母线流动，如图 3-1 所示，其中母线 W1 从东南方向乌格列维克站和斯雷姆斯卡米特罗维察站受入潮流，母线 W2 向西北方向泽尔亚维内茨站和佩奇站送出潮流，母线 W1 和母线 W2 通过母联开关交换潮流。埃内斯蒂诺沃变电站母联开关的热稳约束为

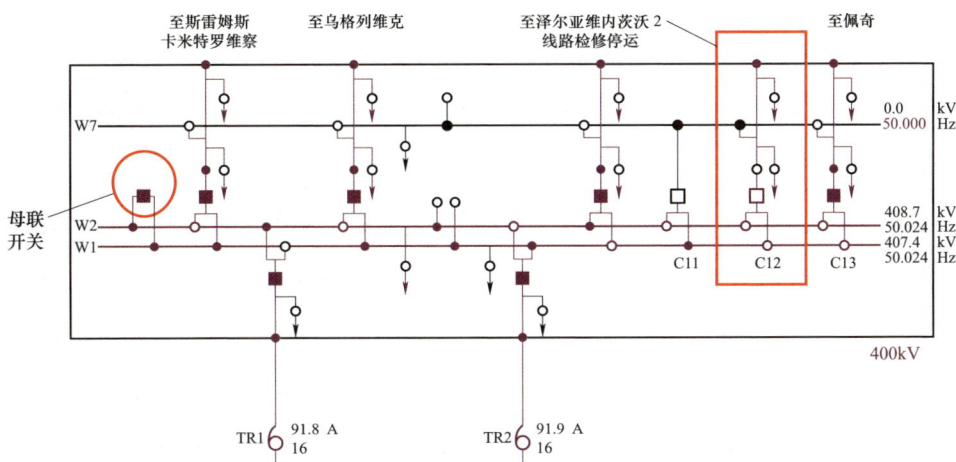

图 3-1 事件前埃内斯蒂诺沃变电站内接线方式

1600A，报警Ⅰ段定值 1536A（96%），报警Ⅱ段定值 1920A（120%），过电流保护定值 2080A（130%）、5s。

### 2. 事故经过

（1）1 月 8 日 12 时～13 时期间，正常运行情况下，母联开关电流在报警Ⅰ段定值 1536A 附近波动，母联开关报警Ⅰ段向数据采集与监视控制系统（SCADA）系统发出了约 50 次警报。13 时～14 时期间，母联开关电流保持在 1700A 左右，并且相对稳定。

（2）1 月 8 日 14 时 00 分 59 秒，母联开关电流进一步上升至 1931A，超过报警Ⅱ段定值，SCADA 系统发出警报。14 时 04 分 21 秒，母联开关电流达到了 1989A（SCADA 系统测得的最大值）。由于 SCADA 采用的电流互感器（TA）和母联开关保护采用的保护 TA 测量精度不同，实际上 14 时 04 分 20 秒时母联开关保护测量得到的电流已经超过 2080A。14 时 04 分 26 秒，母联开关保护动作跳闸。

根据官方事件调查报告，报警Ⅰ段发出 50 余次报警期间，调度机构并没有采取措施调整潮流，报警Ⅱ段发出报警后，由于 SCADA 系统显示的母联开关电流并未超过保护定值，调度机构未及时采取措施，导致事故进一步发展。

（3）母联开关跳闸后，潮流通过低压侧 110kV 母线转移至两台主变压器，并造成过电流。14 时 04 分 28 秒两台主变压器跳闸，两条 400kV 母线完全解列，如图 3-2 所示。

（4）Ernestinovo 变电站两条母线解列后，东南欧向西北欧方向的潮流发生转移。14 时 04 分 48 秒，400kV 苏博蒂察-诺维萨德（Subotica-Novi Sad）线路由于过电流保护Ⅱ段动作而跳闸，系统发生振荡。随后 20s 内，4 条 400kV、7 条 220kV 线路及 1 台主变压器由于距离保护动作相继连锁跳闸。此外还有 15 条 110kV 线路保护跳闸，欧洲大陆同步电网解列为西北欧和东南欧两部分。

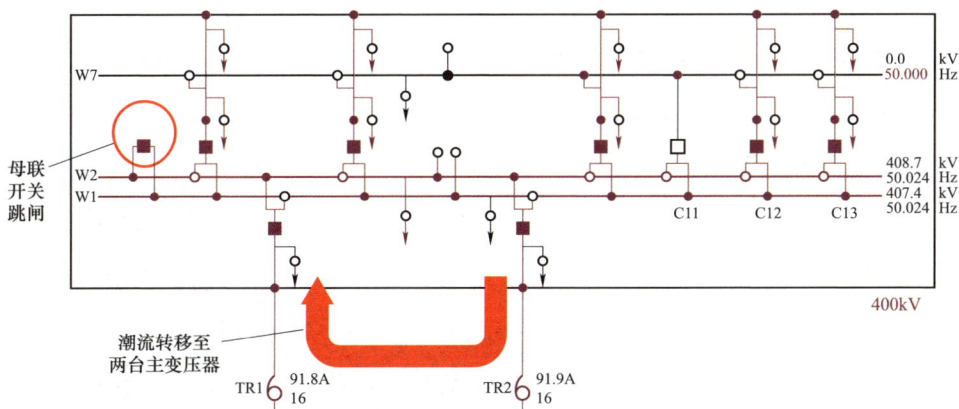

图 3-2　埃内斯蒂诺沃变电站两条母线解列

（5）欧洲大陆同步电网解列后，西北区域功率缺额约 630 万 kW，频率在 15s 内下降至 49.74Hz，然后迅速恢复到 49.84Hz；东南区域电力过剩 630 万 kW，频率最初升高到 50.6Hz，随后稳定在 50.2～50.3Hz 的稳态值，如图 3-3 所示。西北欧电网在低频期间，法国和意大利切除可中断负荷约 170 万 kW，北欧和英国分别投入 42 万 kW 和 6 万 kW 的事故备用；东南欧电网在高频期间，采取了自动和手动切机措施（土耳其自动切机 97.5 万 kW）。

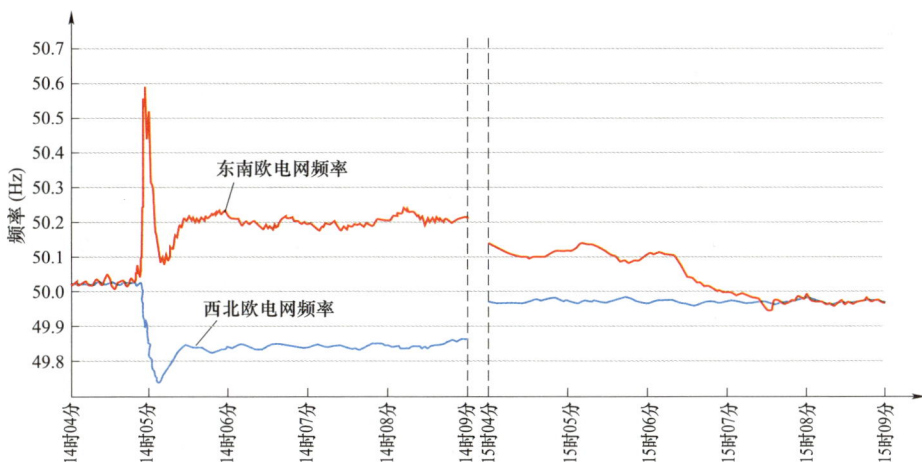

图 3-3　解列后以及重新同步期间欧洲大陆同步电网的频率

### 3. 电力恢复

14 时 47 分和 14 时 48 分，意大利和法国的可中断负荷重新连接。15 时 07 分，西北区域和东南区域重新实现同步。

### 4. 事故影响

由于西北欧频率下降，约 170 万 kW 可中断负荷自动切除（法国约 130 万 kW，意大利约 40 万 kW）。由于电压和频率波动，解列断面附近部分机组和负荷脱网，其中，东南欧约 106 万 kW 机组、23.3 万 kW 负荷脱网；西北欧约 34.8 万 kW 机组、7 万 kW 负荷脱网。事件期间电力市场没有受到干扰，电价未出现明显波动。

## 3.1.3 事故原因

（1）关键站点接线方式安排不当导致母联开关过载。该事件的直接诱因是 Ernestinovo 站内母联开关过载跳闸，引发了系统连锁反应和解列。正常方式下，Ernestinovo 站一条母线通过 2 回联络线受入、1 回联络线送出功率，另一条母线通过 2 回联络线送出功率，两条母线之间交换功率保持适度。在事故前 1 回联络线检修停运后，欧洲电网未对 Ernestinovo 站内的接线方式进行调整，导致母线交换功率增加，母联开关长期处于满载甚至过载的工况，最终引发了母联开关过载跳闸。

（2）调度机构未及时处理报警信号并采取控制措施。事件 1h 前，母联开关保护报警Ⅰ段已经向 SCADA 系统发出 50 余次警报信号，然而克罗地亚调度机构未采取任何措施进行潮流调整，导致母联开关电流进一步增大。当报警Ⅱ段动作后，克罗地亚调度机构由于 SCADA 系统显示电流离保护定值仍有一定距离，未正确认识到采取措施的紧迫性，最终未及时采取措施，母联开关因此跳闸并引发后续连锁故障。

（3）母联开关保护与计量 TA 测量电流不一致。本次事件中，保护 TA 与计量 TA 存在明显的测量误差，当母联开关保护实际已经动作，而 SCADA

系统显示的母联开关电流仍未超过动作定值。

（4）欧洲电网跨境传输存在结构性问题，风险管控机制不够严谨。关键站点的设计、调度机构安全稳定计算校核方式未考虑到关键站点的特殊性和潮流转移的风险，断面约束计算未考虑到母联开关过载的风险。在本次事故中，欧洲大陆同步电网中东南欧与西北欧之间有大量功率交换，其中克罗地亚 Ernestinovo 变电站作为枢纽变电站，连接 4 个国家，承担东南欧与西北欧功率交换的重要作用，但站内母联开关不合理地承担了大量功率传输的作用，当母联开关过载跳闸后，潮流大范围转移至相邻线路并引发系统连锁反应，导致系统振荡和解列。

## 3.1.4　事故启示

### 1. 强化关键设施的冗余与故障隔离有助于避免大面积停电

事故表明，单一变电站的故障可能对整个电网造成重大影响。因此，关键电网节点如变电站应设计有足够的冗余和故障隔离系统，确保一旦发生故障，可以立即隔离问题而不影响整个电网的稳定运行。

### 2. 合理优化网架结构有助于降低连锁故障风险

欧洲同步电网结构复杂，存在多处高低压电磁环网是本次事故发生的重要因素。当前，我国电网已形成特高压交直流混联格局，故障影响呈现全局化趋势，局部的故障易在各局域电网间快速传导、放大，造成连锁反应。应合理优化电网结构，持续优化分层分区，适时减少电磁环网结构。统筹推进交直流输电工程建设进程，进一步补强交流电网薄弱环节，提升对大容量直流接入的支撑能力，降低直流闭锁等严重故障后潮流大规模转移、振荡激发等安全风险。

### 3. 重视需求侧管理有助于提升系统调节能力

欧洲国家将需求侧管理作为提升电力系统可靠性和经济性的重要手段，本次解列事故中，法国和意大利可中断负荷的及时切除对保证频率稳定发挥

了至关重要的作用。随着新能源占比持续攀升，传统调节资源的调度空间将越来越小，我国电网具有大量具备调节潜力的负荷资源以及可中断负荷资源，应进一步深化需求侧管理，大力发展需求侧响应技术，创新市场机制和商业模式，提升电力系统调节能力。

### 4. 适当安排运行方式，强化三道防线管理

欧洲电网尽管执行了"$N-1$"校核标准，但计算边界与实际情况偏差较大导致校核结果不正确。因此，应严格按照《电力系统安全稳定导则》的相关规定，针对可能出现的运行方式做好安全校核工作，适当安排电网运行方式，确保留有一定安全裕度，切实保证系统运行满足三级稳定标准要求，完善在线安全校核分析工具，强化电网动态监测预警系统建设，避免出现局部停运故障逐步演化为系统崩溃。

### 5. 重视保护的整定与运维管理

近年来国外发生多起因继电保护不正确动作引起的大面积停电，表明保护的配置和整定方式对故障传导产生重要影响。应高度重视保护配置、整定和运维管理工作，在系统结构发生变化时及时更新保护动作定值，注重继电保护与运行方式的协调配合。

# 3.2 巴基斯坦"1·9"大停电

2021 年 1 月 9 日，巴基斯坦古杜（Guddu）电厂发生故障，引发了一系列连锁反应，导致国家电力系统全面崩溃。该国约 2.2 亿人口受到严重影响，部分地区停电甚至长达 22h。

## 3.2.1 电力系统概况

20 世纪 90 年代，巴基斯坦政府实施电力改革，将输电、发电、配电和

售电业务拆分为若干个独立的公司，并逐步实行私有化。其中，卡拉奇电力公司（K-Electric）是在电力私有化改革中形成的垂直一体化公用事业企业，现为巴基斯坦最大的私营电力公司。国有火力发电、输电、配电以及电力系统调度运行则主要由国家输配电公司（NTDC）负责。

巴基斯坦全国为一个同步电网，主干输电网电压等级为 500kV 和 220kV，主要由 NTDC 和 K-Electric 负责运营。其中 500kV 主网架呈纵向链式，220kV 网架在纵向链式上横向延伸。截至 2019 年底，巴基斯坦电力装机容量 3837 万 kW，其中火电装机容量占 63.1%、水电装机容量占 27.5%、核电装机容量占 3.8%、新能源装机容量占 4.6%，其余装机容量占 1%，2019 年全国发电量 1410 亿 kWh，最大负荷约 2527 万 kW。

巴基斯坦火电主要分布在南部，水电主要分布在北部，夏季主要潮流由北部向中部（首都负荷中心），冬季主要潮流由南部向中、北部。本次事故涉及的古杜电厂是全国最大的火电厂，在电网中的位置如图 3 - 4 所示，其装机容量约 240 万 kW，分别以 500kV 和 220kV 两个电压等级接入电网，其 500kV 升压站是连接南部电网与中部电网的重要枢纽站。

## 3.2.2　事故过程

### 1. 事故前系统状态

事故发生前，巴基斯坦电网的总发电出力为 1127 万 kW，其中水电发电出力 126 万 kW，国有火电发电出力 98 万 kW，私营火电发电出力 807 万 kW，系统频率为 49.85Hz。

1 月 8 日 00 时 49 分，古杜电厂开关场一个 220kV 断路器（D12Q1）损坏。1 月 8 日 09 时 50 分至 1 月 9 日 21 时 25 分，检修人员对该断路器及同回线路上的隔离开关（D12Q3）进行了维修作业。

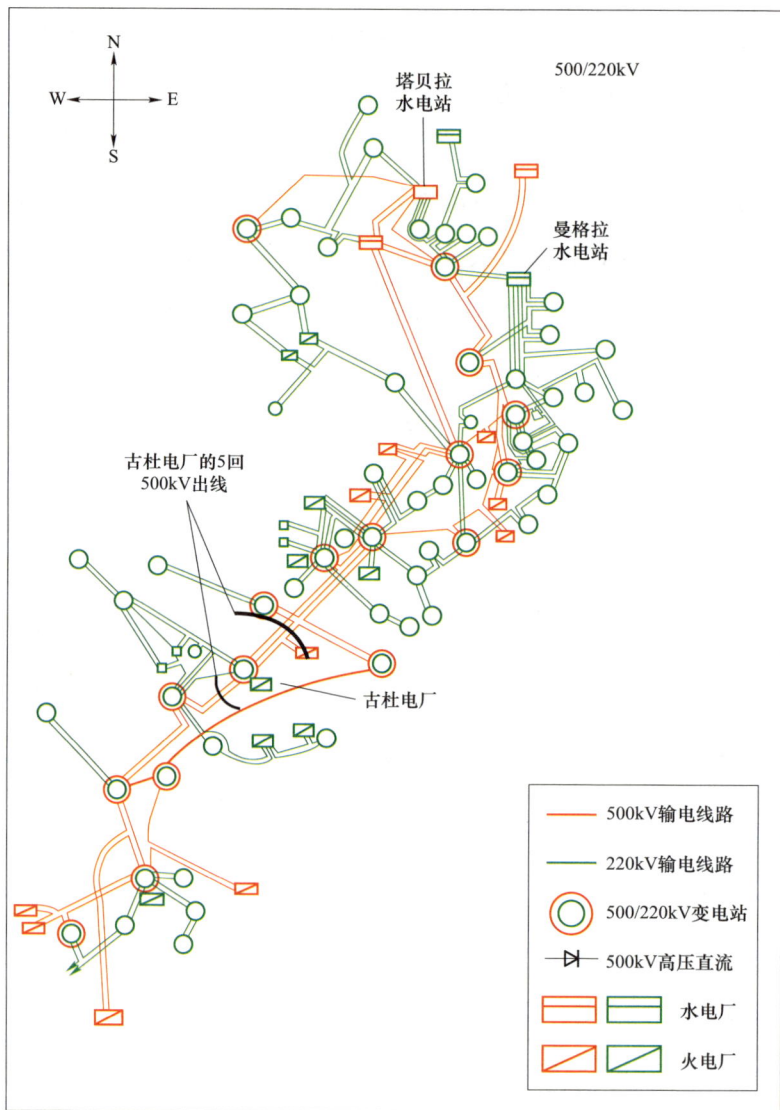

图 3-4　巴基斯坦主干输电网结构示意图

## 2. 事故经过

（1）1 月 9 日 23 时 41 分，古杜电厂员工人为误操作，在断路器检修完成后，带接地开关合闸断路器，引发三相接地故障，断路器未跳闸，主保护未正确动作，持续故障导致 220kV 和 500kV 线路相继跳闸。

（2）系统发生功率振荡，古杜电厂的 5 回 500kV 出线和其他 220kV 出线距离保护二段动作跳闸，古杜电厂全停，南部与北部电网联络断面（共 4 回 500kV 线路）仅剩余 1 回，并在随后的无序连锁跳闸过程中跳开。

（3）由于上述 220kV 和 500kV 线路相继跳闸，巴基斯坦电网解列成北部电网和南部电网 2 部分（古杜电厂位于巴基斯坦电网南北联络断面上），解列后北部电网存在 300 万 kW 的功率缺额，尽管其通过低频减载切除了约 235 万 kW 负荷，但部分机组由于涉网保护参数设置不合理而相继跳闸，进一步恶化了系统低频问题。南部电网功率过剩，其主要发电厂和 500kV 输电线路由于电压、频率过高而跳闸，系统几秒内崩溃，发生全国性大停电，损失负荷 1030 万 kW。

### 3. 电力恢复

事故发生后，NTDC 立即利用北部的塔贝拉（Tarbela）、曼格拉（Mangla）等水电站启动了故障恢复过程，但由于频率和电压大范围波动，系统状态不稳定，直到塔贝拉和曼格拉水电站之间的 220kV 线路互联后，系统才逐步开始恢复稳定。1 月 10 日 19 时 40 分，NTDC 区域内所有 500kV 和 220kV 变电站、输电线路恢复正常。K-Electric 自有电厂因燃气压力不足等原因无法启动，但借助塔帕尔（Tapal）和古尔·艾哈迈德（Gul Ahmed）电厂也成功启动了恢复工作，并于 1 月 10 日 21 时 15 分全面恢复。K-Electric 电网与 NTDC 电网于 1 月 10 日 18 时 48 分实现同步。

### 4. 事故影响

本次事故导致包括首都伊斯兰堡、经济中心卡拉奇及第二大城市拉合尔在内的主要城市供电中断，共计约 2.2 亿人口受到影响，部分地区的停电时间达到 22h。

### 3.2.3　事故原因

（1）人员误操作。本次事故最初是由带接地开关合闸断路器引起，导致断路器未跳闸，主保护失效，不能及时切除故障点。持续故障使得 220kV 和 500kV 线路相继跳闸。

（2）电网网架薄弱，故障影响迅速扩大。由于巴基斯坦水电主要分布在北部电网，火电基地主要位于南部电网，南北电网之间潮流分布存在明显的季节性变化。然而，巴基斯坦电网南北交流联络通道呈薄弱的长链式结构，一旦主要输电通道故障，容易造成潮流大量转移引发连锁故障。在本次事故中，电网由南向北输电功率达 300 万 kW，约占北部电网负荷的 1/2，而古杜电厂直接接入南北交流联络通道，其故障直接引发了南北交流联络通道断开，并使得系统解列和功率失衡。

（3）安全防御体系不完善。古杜电厂相关设备缺少防误闭锁装置，无法保证操作流程的正确性。三相接地故障发生后，相关断路器未跳闸，且主保护失效，无法及时有效隔离故障，只能通过距离保护动作跳开多条线路。南北电网振荡中心位于其交流联络通道，但未配置失步解列装置，振荡过程中未能在第一时间解列，导致部分线路保护误动跳闸，进一步扩大了事故范围。

（4）源网协调能力不足，无法维持系统频率稳定。南北电网解列后，电网侧控制措施与电源侧涉网保护缺乏协调配合，引发故障范围扩大，最终导致大停电。北部电网低频期间，部分发电机因涉网保护参数设置不当相继跳闸，进一步加剧功率缺额，导致系统频率崩溃。南部电网在高频阶段，部分大容量电厂由于保护动作跳闸，系统从高频转入低频状态，且未能通过低频减载维持系统稳定。

（5）事故恢复能力不足。整个巴基斯坦电网除塔贝拉（Tarbela）、曼格拉（Mangla）、沃萨克（Warsak）和乌奇（Uch）电厂以外，其余大多数发电厂不具备黑启动能力。NTDC、K-Electric 和有关电厂缺少针对大停电事件的应急预案和停电恢复的作业规程。部分电厂在黑启动过程中发生故障，未能及时响应调度中心的同步指令。这也使得在巴基斯坦大停电的恢复初期，北部水电机组黑启动未能稳定运行，直到 4h 之后才实现第 1 条 220kV 线路恢复供电，而整个恢复过程则长达 22h。

（6）管理流程存在漏洞。古杜电厂操作流程管理存在漏洞，具体表现为未对接地开关进行状态监测、检修人员在完成相关检修作业后未将接地开关断开、电厂员工未确认接地开关状态直接闭合断路器、未经调度中心授权私自操作等。同时，古杜电厂缺少对设备的定期检测和维护，操作人员不了解保护参数设置情况，对控制保护策略未进行定期检查，增大了保护策略失效的风险。

## 3.2.4　事故启示

### 1. 保护、开关拒动是威胁电网安全运行的重大风险

本次巴基斯坦大停电事故中，人为误操作带接地开关合开关后，开关和开关失灵保护拒动导致电厂全跳，引发后续的连锁故障，最终导致系统崩溃。由此可见，主保护、开关拒动是电网安全运行的主要基准风险之一。

### 2. 人为误操作导致的系统运行风险需引起高度重视

巴基斯坦大停电的起因是人为误操作带接地开关合开关。实际上，设备停电操作或是检修作业过程易发生人为误操作导致设备异常动作，同时检修期间系统安全裕度相对降低，人为误操作可能超出系统设定的安全防线，严重威胁电网安全稳定运行。

### 3. 源网协同风险管控需进一步加强

引发巴基斯坦本次大停电事故的古杜电厂，位于巴基斯坦电网中的枢纽位置，但在现场作业风险管控、保护及开关等关键设备运维方面存在重大缺失。巴基斯坦实施厂网独立投资运营，本次事故暴露出电厂对威胁大电网安全的重大风险点认识不足、风险管控不到位等问题。

# 3.3   美国得克萨斯州"2·15"大停电

2021 年 2 月 15 日,由于极端寒冷天气导致大量机组非计划停运,美国得克萨斯州(以下简称"得州")发生了大规模停电,影响近 450 万人。电力供需紧张也使得实时电价从 5 美分/kWh 飙升至 9 美元/kWh。2 月 19 日 10 时 35 分,得州电力系统恢复正常运行。2 月 21 日上午,99%的用户已经恢复供电。

## 3.3.1   电力系统概况

### 1. 得州电力系统概况

美国电力系统概况可参考 2.3.1 节。九大独立系统运营商之一的得州电力可靠性委员会(Electric Reliability Council of Texas,ERCOT)负责得州输电网的规划和调度,同时运营管理得州电力批发和零售市场。得州电网(ERCOT 管辖区域)覆盖了得州 90%的用户(约 2600 万人口),其主干输电网由 345kV 的双回和单回输电线路组成。

得州为美国最大能源生产、消费州,装机容量、发电在全美各州均排行第一。截至 2020 年底,得州电网统调装机容量约为 1.07 亿 kW,如图 3−5 所示,其中天然气装机容量占 51.0%,风电装机容量占 24.8%,煤电装机容量占 13.4%,核电装机容量占 4.9%,光伏装机容量占 3.8%,其余装机容量(含水电、生物质发电及储能)占 2.1%。得州历史最大负荷 7482 万 kW(2019 年 8 月 12 日),年发电量为 3810 亿 kWh,其中,天然气是得州第一大电源,发电量占比基本稳定在 40%以上。近年来得州在逐步削减煤电发电,大力发展风电等新能源,2006—2020 年,风能发电量占比由 2%增长至 23%,而煤电发电量占比由 37%下降至 18%,如图 3−6 所示。

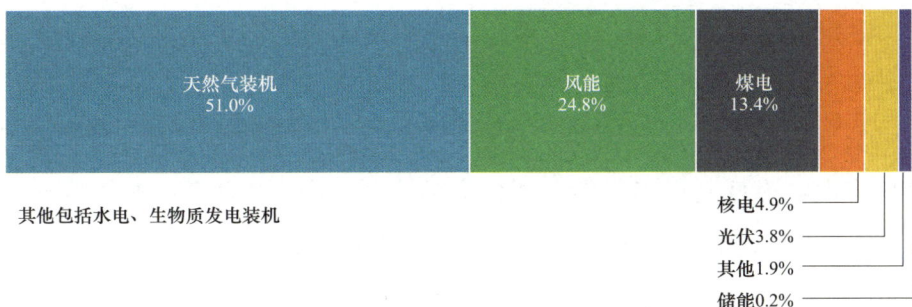

其他包括水电、生物质发电装机

核电4.9%
光伏3.8%
其他1.9%
储能0.2%

图 3-5 2020 年底得州电网电源装机容量比例

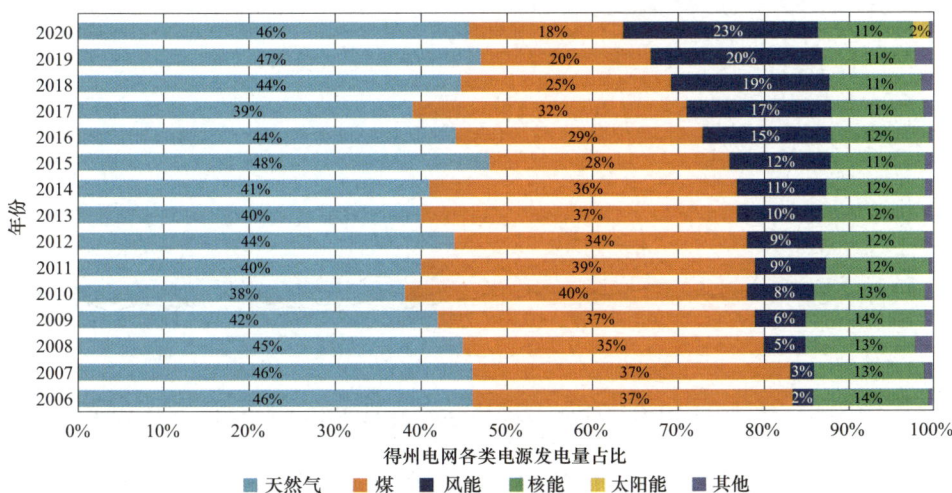

图 3-6 得州电网各类电源发电量占比逐年趋势图

得州电网相对独立，仅通过 2 条容量总计 82 万 kW 的直流联络线与东部电网相连、3 条容量总计 43 万 kW 的直流联络线与和墨西哥电网相连，对外联络输电通道容量总计 125 万 kW，仅为得州最大供电负荷的1.7%。

### 2. 得州电力市场概况

得州电力市场参与者包括发电商、输配电商、零售商、大用户等，总数达 1800 家，电力市场由政府机构得州公用事业委员会负责监管，由 ERCOT 负责管理。得州电力市场目前只有单一能量市场，没有容量市场，为了鼓励投资兴建新电厂，得州电力市场制定了一系列稀缺定价机制，在系统电能和备用稀缺的情况下提高电能价格。

得州电力市场实时结算价格由市场出清得到的节点边际电价加上实时备用价格和可靠性部署价格构成，三者之和设置了较高的价格上限，上限是 9 美元/kWh。按照得州市场定价规则，当系统备用充足时，备用价格将大幅降低甚至接近零；当备用短缺时，由于发生停电概率很高，备用价格会迅速抬高，因此，得州电力市场批发电价波动性较大，如图 3-7 所示。

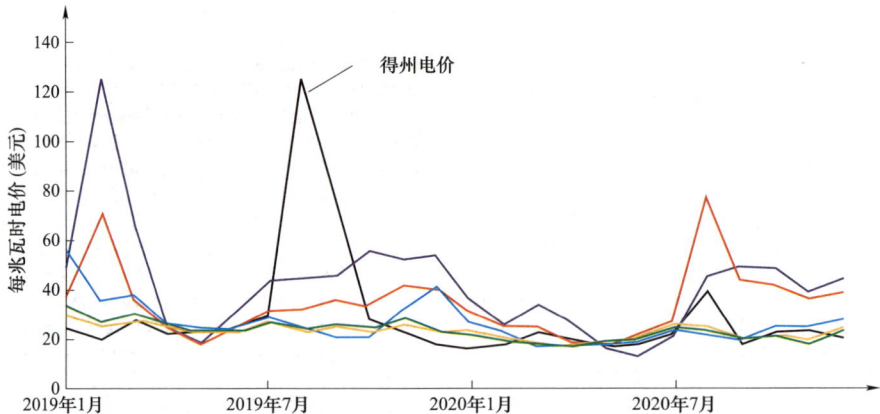

图 3-7　美国电力市场 2019～2020 年月平均批发电价（黑色为得州电网）

得州有约 1000 万电力市场用户，可在 160 余家零售商中自行选择一家提供零售电力服务，零售电价方案主要分为固定、可变、指数化三种费率。

固定费率：在合同期内保持电费稳定，是售电套餐的主流产品，即使现货市场批发电价上升，客户也可以在合同期内保持电价不变。

可变费率：跟随现货市场批发电价浮动，但设置浮动上限。不同零售商每月的可变费率各不相同，且由零售商自行制定。

指数化费率：完全跟随现货市场批发价收费，通常情况下比固定费率、可变费率便宜，但用户承担全部现货市场敞口风险，在极端情况下电价将大幅上涨。

据统计，本次得州大面积停电过程中，受电价飙升影响的用户主要为指数化费率用户，占比为 0.3%（约 2.9 万户），其余用户电价基本保持稳定。

## 3.3.2　事故过程

### 1. 事故经过

（1）2 月 14 日晚，持续寒潮使得得州电网负荷最高达 6922 万 kW，创冬季新高，如图 3-8 所示。同时，大量机组开始出现非计划停运（加上计划停运的机组，总计 3534 万 kW），系统备用急剧下降。

图 3-8　得州 2018～2021 年（事故前）的日均负荷曲线

（2）2 月 15 日 01 时 23 分，得州电网进入第三阶段紧急状态，ERCOT 向 17 家输电运营商下达限电指令，最大减载负荷达到约 2000 万 kW。期间不断有机组非计划停机（608 万 kW），系统频率持续下跌，最低达到 59.302Hz，接近低频减载定值（59.3Hz，0.6 秒）及机组频率保护定值（59.4Hz，9min），如图 3-9 所示，若超出定值则可能引发不可控大停电事故。在此后 40min 内，得州电网分 5 次实施拉闸限电，总量达到 1050 万 kW，频率开始上升恢复。

（3）2 月 16 日，停电持续，停电用户进一步增长至 489 万户。得州继续实施拉闸限电，当天最大限负荷达到 2000 万 kW，如图 3-10 所示。事件期间总停运机组和各类停运机组容量曲线分别如图 3-11 和图 3-12 所示。

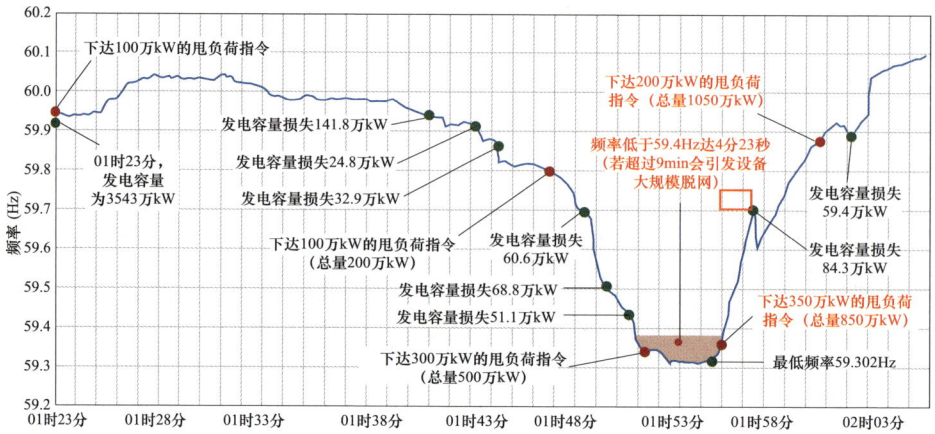

图 3-9　2 月 15 日凌晨得州电网频率曲线和拉限负荷过程

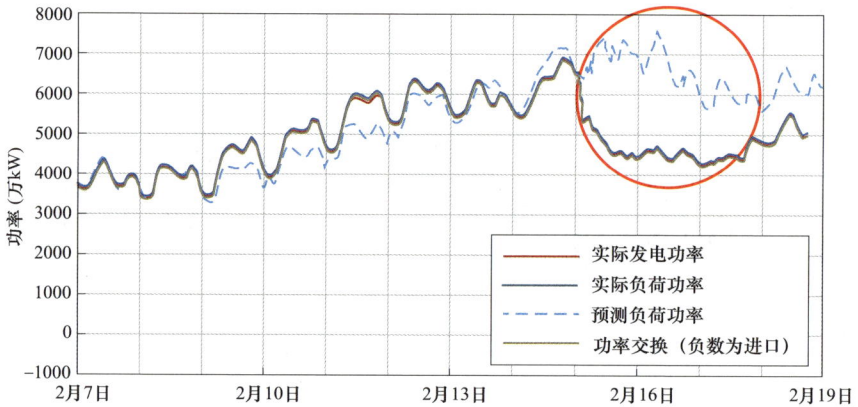

图 3-10　得州电网实时负荷、发电和预测负荷

图 3-11　事件期间总停运机组容量曲线

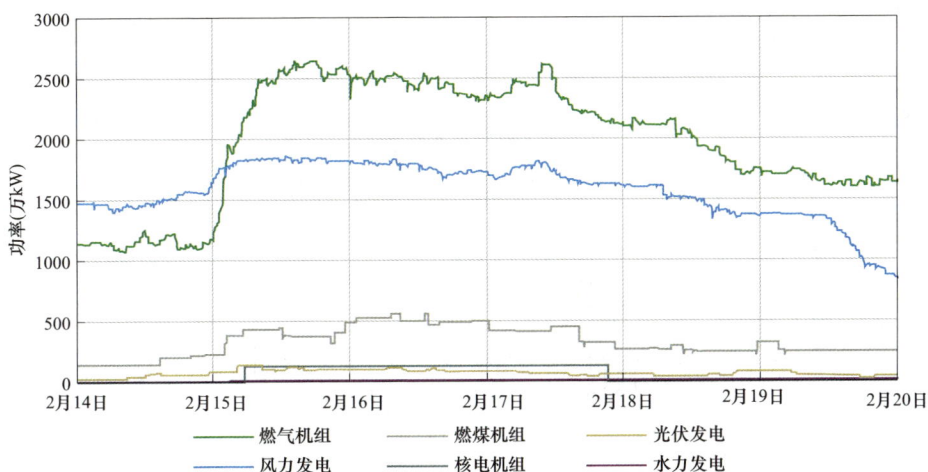

图 3-12　事件期间各类型停运机组容量曲线

## 2. 电力恢复

随着气温逐渐回升，发电机组逐渐恢复并网运行，供电逐渐恢复。2 月 18 日，得州轮流停电取消，2 月 19 日上午，紧急状态取消，电力系统恢复正常运行。2 月 21 日上午，99%的用户已经恢复供电。

## 3. 事故影响

此次得州极端寒冷天气导致大量基础设施被损坏，约 480 万用户电力供应中断。事件期间轮流停电拉限负荷最大达 2000 万 kW，限负荷范围涵盖了州内大部分区域，如图 3-13 所示。此外，电力需求激增与供应短缺造

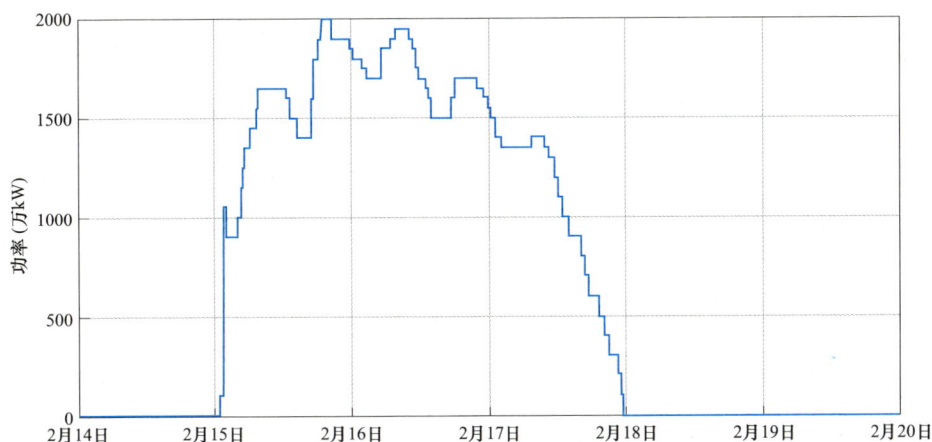

图 3-13　事件期间轮流停电拉限负荷曲线（最高达 2000 万 kW）

63

成电力批发价格从 5 美分/kWh 飙升至 9 美元/kWh，如图 3－14 所示。

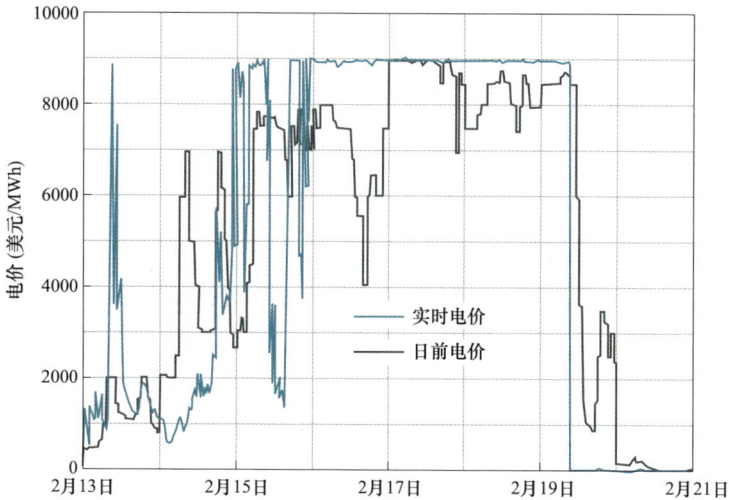

图 3－14　事件期间得州日前和实时结算电价

### 3.3.3　事故原因

（1）极寒天气导致负荷超预期增长。此次寒潮是得州自 1899 年以来最寒冷的天气，气温均处于 0℃ 以下，潘汉德尔地区甚至低至 -26℃。得州约 60% 的家庭取暖需求来自空调、电暖器等电采暖设备，极端低温使得电力负荷达到冬季历史峰值，相较于同期 5000 万 kW 以内的日均负荷增长了约 20%。

（2）能源基础设施未及时完成抗寒运行改造，大量电源无法抵御极寒天气而非计划停运。得州的电力基础设施没有针对极端寒冷天气做出适应性调整，天然气井和管道因冻结而减少产量，导致发电效率大幅降低。其中，因阀门、进气系统等相关组件冻结导致的发电机故障约占 44.2%，因极端低温带来的燃料供应不足导致的发电机组故障约占 31.4%（其中仅天然气供应不足就导致了 27.3% 的发电机组故障），因低温有关的机械/电气问题导致的发电机组故障约占 21%。

（3）市场驱动机制的不足。得州的电力市场高度市场化，电力公司在没有强制性规定的情况下往往不会自发地进行成本高昂的基础设施升级或冬季化改造，导致得州电力基础设施较为老旧，抵御极端天气的韧性不足。此外，得州电力市场的设计也未能预见到极端天气下的需求激增，市场对于电力的定价机制在危机中导致了价格的剧烈波动，不利于电力的恢复。

（4）电力系统互联不足，导致难以获得外部支援。得州电网几乎完全独立于美国其他大电网，这种独立性在常态下为得州提供了更大的市场灵活性和控制权，但在危急时刻也限制了从其他电网紧急调入电力的能力。在此次停电期间，得州无法有效地从邻近电网获得足够支持，加剧了电力短缺的情况。

## 3.3.4　事故启示

### 1. 极端天气下的电力供应风险需引起高度重视

从此次得州电力危机可以看出，得州电力系统在规划、设计、运行等环节均未考虑"小概率"的极寒天气，对于极寒天气引发的负荷超预期增长、一次能源供应短缺、发电机组大面积停运等风险因素认识不足，遭遇极寒天气后无法采取有效措施进行应对，导致电力供需严重失衡，从而引发大面积停电。

### 2. 一次能源供应保障在极端天气下难度将大幅增加

得州是美国油气能源大州，包括得州在内的美国中南地区天然气产量占全美产量的 20%～25%，正常情况下能源供应十分充足。但在本次极寒天气过程中，一方面天然气生产设备冻结受阻，生产能力大幅下降；另一方面天然气需求大幅增加，引发天然气供需严重失衡，导致燃气机组发电用气无法正常保障，使得大量燃气机组发电受限，电力供应短缺又进一步影响到天然气企业生产，形成恶性循环。

### 3. 电网跨区输电、互联互济能力是保障电力供应的重要基础

得州电网作为一个相对孤立的电网，对外联网通道容量仅 125 万 kW，仅为得州最大供电负荷的 1.7%左右。在本次停电事故中，得州电网仅从墨

西哥电网获得了 45 万 kW 的电力支援，远远无法弥补超过 1000 万 kW 的电力缺口。因此，为有效应对局部极端天气对电力供应的影响，有必要增加电网跨区互联通道建设，在常态化确保安全可靠供电的同时，切实提升应对局部地区供需大幅波动的供应保障能力。

### 4. 电力市场建设应建立合理的备用电源收益保障机制

得州电力市场只有电能量市场，没有容量市场，电价平时相对便宜，但发生类似本次大面积停电事件时将承受超 100 倍的电价飙涨。由于缺乏合理的容量市场机制激励，发电商缺乏足够动力投资建设电源，在面临极端天气时，系统备用将难以保障系统安全，进而引发停电。因此，电力市场建设需充分考虑高比例可再生能源接入电网的影响，建立合理的备用电源收益保障机制，通过市场竞争确定容量补偿价格，从而形成足够的激励信号引导电源投资。

# 3.4　欧洲大陆"7·24"同步电网解列

2021 年 7 月 24 日，因山火引发的线路故障问题，欧洲西南区域电网（西班牙、葡萄牙和法国部分地区）从欧洲大陆同步电网中解列，频率大幅下降，超过 340 万 kW 的负荷被切除。

## 3.4.1　电力系统概况

欧洲电力系统概况可参考 3.1.1 节，此处不再赘述。

## 3.4.2　事故过程

### 1. 事故前系统状态

法国和西班牙边境的联络线由 3 回 400kV、2 回 225kV 线路组成。事故前联络线潮流由法国流向西班牙，总计 250 万 kW。西班牙负荷约 3062 万 kW。

## 2. 事故经过

（1）2021 年 7 月 24 日 16 时 32 分，受森林火灾影响，400kV 拜克斯–戈迪埃（Baixas-Gaudières）双回线的其中 1 回线路故障跳闸。此后，电网虽然没有出现电压或频率问题，但已不再满足"N−1"安全标准。

（2）16 时 35 分，400kV 拜克斯–戈迪埃另一回线路也受森林火灾影响跳闸。两次跳闸共同导致了（N−2）事故，法国和西班牙电网互连区域东部的潮流中断。

（3）16 时 36 分，因损失拜克斯–戈迪埃两回线路引起的过载问题，400kV 阿尔吉亚–坎特格里特（Argia-Cantegrit）线路、225kV 普拉格纳雷斯–比耶斯卡（Pragneres-Biescas）线路、225kV 伏阿尔吉亚–阿尔卡莱（Argia-Arkale）线路、400kV 阿尔吉亚–埃尔纳尼（Argia-Hernani）线路接连发生跳闸（跳闸顺序如图 3−15 的线路③～线路⑥所示）。这些线路的跳闸导致伊比利亚半岛和法国东比利牛斯地区电网从欧洲同步电网中解列。

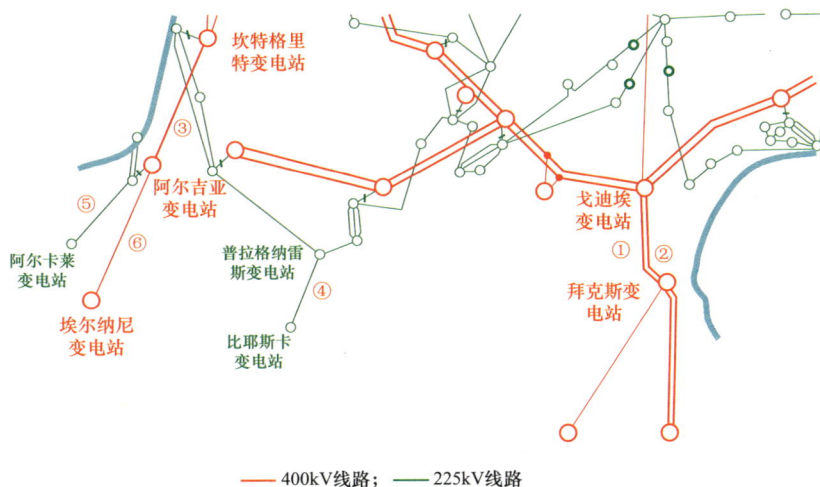

图 3−15　事故发生地区电网线路图

（4）解列事故后，欧洲同步电网因电力过剩导致频率增加到 50.06Hz，大部分地区并未受电网解列影响。在断开连接的西南欧，包括伊比利亚半岛和法国东方比利牛斯地区，电力不足导致电网频率下降到 48.65Hz，如图 3-16 所示。触发了以下低频减载策略：

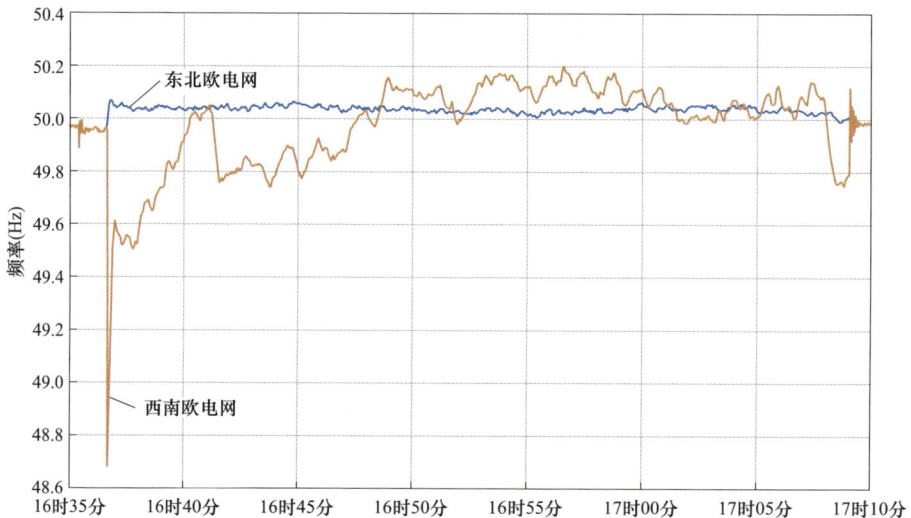

图 3-16　解列事故发生前后欧洲西南电网频率变化情况

1）西班牙的低频减载计划切除了 199.5 万 kW 的水电和大约 306.8 万 kW 的负荷（低频减载一轮和二轮动作）。

2）葡萄牙的低频减载计划切除 31 万 kW 的水电、43 万 kW 的可中断负荷（当频率低于 49.2Hz 时激活）和 65 万 kW 的负荷（低频减载一轮和二轮动作）。

3）法国自动切除了 10 万 kW 的负荷。

上述低频减载策略使得西南地区电网的频率快速稳定在 50Hz 的水平，并在停电事件发生后的 37min（即 17 时 09 分）重新实现同步。

### 3.4.3　事故原因

（1）山火导致同塔线路跳闸。此次停电事件的起因是高温天气引发的森林火灾，火灾通过烟雾和大量细颗粒物产生空气污染，使空气的电气特性和输电线路的绝缘能力降低，引发短路故障。

（2）潮流转移引发线路过载。在同塔双回线路故障跳闸后，潮流发生转移，导致剩余联络线因过载而连锁跳闸，是导致事故范围影响扩大、电网最终解列的主要原因。

（3）稳控系统配置缺失。欧洲电网作为世界上最大的同步大电网之一，由 5 个同步电网通过直流输电系统互联，其中的多组直流、同塔或平行双回线路"$N-2$"故障需依靠稳控系统维持电网稳定。本次事故中稳控系统配置存在缺失，没有对同塔线路故障进行设防，最终导致大停电事故。

### 3.4.4　事故启示

#### 1. 山火导致重要输电通道故障跳闸是威胁大电网安全的重大风险

本次事故起因是森林火灾导致重要同塔联络线相继跳闸，与 2020 年底墨西哥大停电事故起因相同。对于存在事故风险的密集输电通道，一旦山火导致输电通道故障跳闸，将可能引发系统失稳，触发低频、低压减载动作，导致电力安全事故。

#### 2. 新能源高占比电网需高度关注频率稳定等问题

西班牙、葡萄牙电网新能源占比高（装机容量占 33.9%，事故前出力占 54.5%），本次事故中，欧洲同步电网解列后西南部分的电力系统频率快速下跌至 48.65Hz，切除负荷和水泵容量大幅超过联络线损失功率。随着我国逐步推进新型电力系统建设，新能源在电力系统中的渗透率逐渐攀升，电网的频率稳定等问题需要高度关注。

### 3. 坚强可靠的安全稳定防线是大电网稳定运行的重要保障

本次事故中欧洲电网并没有针对同塔线路故障配置稳控系统进行设防，最终引发了连锁跳闸及大面积停电。对于直流、同塔或平行双回线路故障存在的稳定问题，需要依靠稳控系统维持电网稳定。在严重故障情况下一旦稳控系统拒动，将会引发电网失稳、设备过载连锁跳闸等，导致大面积停电。

# 第 4 章

## 2022 年国际大停电事故

# 4.1　中亚三国"1·25"大停电

2022 年 1 月 25 日 11 时 59 分，哈萨克斯坦一条 500kV 北—东—南中转线路发生过载，触发保护装置动作，使得哈萨克斯坦及其互联的乌兹别克斯坦、吉尔吉斯斯坦国内多个地区发生区域性停电事故。当天 13 时 39 分，在应急自动化系统的辅助下，哈萨克斯坦和吉尔吉斯斯坦电网恢复正常运行，而由于两个大容量热电厂被切除，乌兹别克斯坦电网故障的范围相对较大，直到 1 月 26 日 09 时才完全恢复稳定。

## 4.1.1　电力系统概况

中亚统一电力系统（CAPS）建立于二十世纪六十至七十年代，也被称为中亚"电力环"，将中亚 5 国（塔吉克斯坦、乌兹别克斯坦、吉尔吉斯斯坦、哈萨克斯坦、土库曼斯坦）的电网相互连接，由乌兹别克斯坦首都塔什干的综合调度中心（Energia）统一控制。

中亚统一电力系统的电源主要由中亚上游国家 30% 的水力发电厂和下游国家的 70% 火力发电厂组成，CAPS 总发电量的 51% 来自乌兹别克斯坦，13.8% 来自吉尔吉斯斯坦，9.1% 来自哈萨克斯坦，15% 来自塔吉克斯坦，10% 来自土库曼斯坦。

长期以来，处于上游的哈萨克斯坦和乌兹别克斯坦等国，在夏季时从下游国家吉尔吉斯斯坦和塔吉克斯坦进口部分水电，在冬季时向下游国家出口火电，以解决上游国家由于保障水库容量而导致的电力短缺问题。然而，随着苏联解体，中亚各国围绕水资源分配和过境电费的收取等利益问题纷争不断，土库曼斯坦、塔吉克斯坦已分别于 2003 年、2009 年退出中亚电力系统，目前中亚电力系统仅剩哈萨克斯坦、乌兹别克斯坦、吉尔吉斯斯坦三国相连。

### 1. 哈萨克斯坦电力系统基本情况

截至 2020 年 12 月 31 日，哈萨克斯坦发电厂的总装机容量为 2362.2 万 kW，可用容量为 2007.9 万 kW。2020 年发电量 1080.9 亿 kWh，其中火电占 80%，水电占 8%，天然气发电占 8%，光伏、风电和生物质发电占 4%。2020 年的最大负荷为 1576.1 万 kW（国内发电 1546.1 万 kW，从俄罗斯进口 61.4 万 kW，向中亚出口 31.4 万 kW）。2020 年用电量达到 1073.5 亿 kWh，从俄罗斯进口 1.23 亿 kWh，向中亚出口 8.64 亿 kWh。

哈萨克斯坦主干输电网基本由哈萨克斯坦国家电网（KEGOC）控制，主要电压等级为 1150kV、500kV、220kV、110kV。根据能源禀赋不同，哈萨克斯坦分成北部、南部和西部三个地区，其中，北部地区是主要的能源生产基地和消费中心，拥有 70% 以上的发电能力，而南部地区长期存在电力短缺（最大城市阿拉木图位于南部地区），需从北部地区输送电力，因此哈萨克斯坦境内电力流呈现北电南送。哈萨克斯坦电网北部与俄罗斯互联，南部与乌兹别克斯坦电网、吉尔吉斯斯坦电网互联。夏季时，哈萨克斯坦南部地区通过相邻的乌兹别克斯坦和吉尔吉斯斯坦两国进口电力；冬季时则将北部地区送来的电力出口至乌兹别克斯坦和吉尔吉斯斯坦两国。

### 2. 乌兹别克斯坦电力系统基本情况

截至 2020 年 12 月 31 日，乌兹别克斯坦发电厂的总装机容量为 1604.1 万 kW，其中火电装机容量 1403.2 万 kW（占 87.5%）、水电装机容量 200.9 万 kW（占 12.5%）。2019 年发电量 510.78 亿 kWh，其中火电发电量占 89%、水电发电量占 11%。

乌兹别克斯坦的主要电压等级为 500、220、110kV 和 35kV。输配电系统由乌兹别克斯坦能源公司（Uzbekenergo）经营管理，下设 5 个地区分公司：中央分公司、东部分公司、南部分公司、西南分公司、西北分公司。乌兹别克斯坦主要从吉尔吉斯斯坦进口电力，向哈萨克斯坦、塔吉克斯坦和阿富汗等国家出口电力。

### 3. 吉尔吉斯斯坦电力系统基本情况

截至 2020 年 12 月 31 日，吉尔吉斯斯坦的总装机容量为 430.9 万 kW，

其中水电装机容量 367.7 万 kW（占 85%），火电装机容量 63.2 万 kW（占 15%）。2019 年发电量 151.2 亿 kWh，其中水电发电量占 90%，火电发电量占 10%。

吉尔吉斯斯坦输电线路电压等级为 500、220kV 和 110kV。与哈萨克斯坦、乌兹别克斯坦、塔吉克斯坦连接的电压等级为 500kV 或 220kV。

## 4.1.2 事故过程

### 1. 哈萨克斯坦

（1）2022 年 1 月 25 日 11 时 59 分（当地时间），哈萨克斯坦一条 500kV 北—东—南输电线路超负荷，为防止电力线路损坏和重大系统事故，该输电线路继电保护装置正确动作，使得阿拉木图电网孤网运行。

（2）随后，在应急自动化系统的辅助下，未完全停运的江布尔国营地区发电站、希姆肯特第三热电厂、克孜勒奥尔达第六热电厂和阿拉木图地区的发电厂向用户提供 130 万 kW 的电力，但仍缺供电力 190 万 kW（总电力需求为 320 万 kW），从而导致切负荷。

（3）13 时 39 分，哈萨克斯坦国家电网恢复正常运行，并与吉尔吉斯斯坦电力系统重新互联。

（4）14 时 53 分，阿拉木图地区完全恢复正常供电。

（5）16 时 00 分，哈萨克斯坦南部各地区用户恢复供电。

从上述过程可以看出，由于及时采取了措施，哈萨克斯坦电力系统在较短时间内恢复了正常运行。

### 2. 乌兹别克斯坦

（1）2022 年 1 月 25 日 11 时 59 分，当哈萨克斯坦 500kV 北—东—南输电线路断开后，标准频率为 50Hz 的中亚统一电力系统的频率急剧下降到 47Hz，乌兹别克斯坦境内主要发电厂塔什干热电站（装机容量 223 万 kW）和锡尔河热电站（中亚最大的热电站，装机容量 300 万 kW）由于保护装置动作而切除。这两个热电站的脱网进一步导致塔利马扬热电站（80 万 kW）

和图拉库甘热电站（90 万 kW）停运，导致费尔干纳、塔什干、卡什卡河等地区发生大停电事故。

（2）事故发生后，乌兹别克斯坦电力系统逐步与中亚统一电网断开连接，并通过火电厂进行分阶段恢复。

（3）1 月 25 日 20 时，乌兹别克斯坦通过恰尔瓦克电站、霍吉肯特电站、塔瓦克赛水电站、费尔干纳热电厂等电厂进行供电。

（4）1 月 25 日 21 时 50 分，乌兹别克斯坦的电力恢复了 45%，其余火电厂热备用也逐步投入运行。

（5）1 月 26 日 09 时，乌兹别克斯坦完全恢复供电。

### 3. 吉尔吉斯斯坦

吉尔吉斯斯坦受到该次事故影响相对较小，仅北部小部分范围属于中亚统一电力系统范围而发生停电事故。因此吉尔吉斯斯坦在较短时间内恢复了供电，并于 1 月 25 日 13 时 39 分恢复与哈萨克斯坦电力系统的同步运行。

## 4.1.3　事故原因

（1）跨国互联系统缺乏统一管理，严重威胁互联电网安全。中亚统一电力系统管理较为松散，成员国之间在水资源分配和过境电费等问题上存在利益冲突，各国电力系统管理分散，在网架规划、安全管理、事故应急处置等方面缺乏统一协调，严重威胁电网安全稳定运行。

（2）安全裕度保障机制不合理，增加了电力事故隐患。中亚地区负荷增速较快，电力紧张局势长期无法缓解。从事故前运行情况来看，哈萨克斯坦北电南送、跨国互联等关键通道的安全裕度保障机制不合理，机组超负荷运行，局部一旦发生线路过载，容易连锁引发大量机组无序脱网，导致大面积停电。

（3）电力设备老旧、超期服役影响电网运行可靠性。中亚电力设施大多建于苏联时期，长期缺乏更新维护，多数设备超期服役，难以应对电力的高增长需求和系统故障冲击，削弱了电网的供电可靠性。

## 4.1.4  事故启示

### 1. 统一调度是保障大电网安全的关键

中亚统一电力系统早期由中亚五国（哈萨克斯坦、吉尔吉斯斯坦、塔吉克斯坦、土库曼斯坦和乌兹别克斯坦）电力系统互联构成，但该系统结构松散，各国电力规划、运行等缺乏统一协调，多次发生擅自截电情况，严重威胁统一电网的运行安全。因内部矛盾重重，塔吉克斯坦和土库曼斯坦陆续退出中亚统一电力系统，乌兹别克斯坦也已多次计划退出。在紧急情况下，各国电力系统均以自身利益为先，跨国大电网运行统筹协调难度较大，发生大面积停电事故风险增加。由此可见，统一高效的调度机制是应对各种复杂情况的有力保障。

### 2. 充足的安全裕度是保障电力安全的基础

事故前一周，哈萨克斯坦国家电力公司已经多次警告电网长期压极限运行，存在较大停电风险。但哈萨克斯坦国内持续电力紧张，有序用电等措施未能有效改善系统运行的安全裕度。由此可见，充足的安全裕度是提高电网的抗风险能力的关键，电网运行期间需要加强备用管控，严格执行有序用电指令，保证大电网的安全裕度，同时加强跨国、跨区交流联网的送电功率管控，提前校核，避免出现由于跨国、跨区异常导致国内线路过载的情况。

### 3. 对电力行业的持续投入是保障其安全稳定的重要基础

中亚电力设施大多建于苏联时期，长期缺乏更新维护是导致停电风险增加的重要原因。由此可见，持续保障电力支持投入力度，推进电力设备超期服役改造，做好电网一、二次设备的全生命周期管理，充分重视电力行业的适度超前发展，合理布局电力基础设施的规划和建设，是防范大面积停电、筑牢电网安全基础的重要支撑。

# 4.2　老挝"6·12"大停电

2022 年 6 月 12 日，老挝首都万象 115kV 同塔线路因天气原因发生故障跳闸，潮流转移并引发了线路过电流和频率电压稳定问题，导致老挝北部电网崩溃解列。停电引发中老铁路（老挝段）的 9 座 115kV 牵引变电站全站失压，中老铁路（老挝段）8 列在运客货车停运，停运时间长达 85min。

## 4.2.1　电力系统概况

### 1. 老挝电力系统基本情况

老挝电网主要分为 4 个区域：北部、中部 1、中部 2 和南部。老挝电力公司拥有并经营老挝全国的发电、输电和配电业务，同时老挝国内有大量独立发电厂，直接通过"点对网"方式向周边的泰国、越南等国送电。

老挝电网标准频率是 50Hz，主要电压等级为 500kV（主要是"点对网"送电通道）、230kV 和 115kV。截至 2021 年 6 月，老挝输电线路（230kV 和 115kV）长度合计 6164km，共有 230kV 变电站 12 座，115kV 变电站 58 座，总容量 521.4 万 kVA。

老挝河流众多，落差较大，水电资源非常丰富，其主要电源集中在北部和中部 1 区，负荷主要集中在中部 1 区和中部 2 区。截至 2021 年 6 月，老挝装机容量 100 万 kW 以上的电站共有 86 座，其中包含 73 座水电站、1 座火电站、4 座生物质电站和 8 座光伏电站，总装机容量 1009.1 万 kW（其中 30.6% 用于国内，其余 69.4% 用于出口），年发电量约 540 亿 kWh。由于老挝电站装机以水电为主且各电站之间相对独立，因此老挝电网调峰能力较弱，受季节性影响较大，在雨季电力供给过剩、弃水严重且出口电价较低，而在旱季发电量相对有限，需要从邻国进口电力。

### 2. 中老铁路老挝段外部供电基本情况

中老铁路老挝段由北到南分别为老挝琅南塔省、乌多姆赛省、琅勃拉邦省、万象省和首都万象市（4 省 1 市），共建设 115kV 输电线路 20 回，总长度 257km，配套扩建 11 个 115kV 变电间隔，将铁路 10 座牵引变电站接入老挝国家电网，每一座牵引变电站均为一主一备两路电源供电。中老铁路于 2021 年 12 月 3 日正式通车运营。

## 4.2.2 事故过程

### 1. 事故前系统状态

事故前，老挝处于雨季，北部水电大发，其中首都万象市的电网潮流由北至南，通过 115kV 联络线向泰国方向送电。

### 2. 事故经过

（1）6 月 12 日 10 时 42 分，万象市 115kV 同塔双回线路纳邦 - 霍德萨阿德（Nabong-KhodsaAad）由于天气原因发生接地故障，保护动作切除该双回线路。

（2）双回线跳闸后，潮流转移至由北向南的万象市 115kV 断面其他线路，其中 115kV 纳赛通 - 蓬通（Naxaythong-Phonthong）线、纳赛通 - 帕克唐（Naxaythong-Pakthang）线和纳赛通 - 维恩乔（Naxaythong-Viengkeo）线因过电流保护动作相继跳闸，万象市向泰国送电的 115kV 通道中断。

（3）因万象市及北部电网功率过剩，系统出现高频、过电压等问题，随后更多线路和机组相继跳闸，并导致系统发生振荡，最终造成老挝 230kV 纳赛通（Naxaythong）变电站以北的北部电网与主网解列并几乎全停。

### 3. 电力恢复

北部电网崩溃后，老挝国家电力公司调度机构组织复电工作，并于 11 时 52 分逐步恢复北部电网，12 时 10 分中老铁路（老挝段）九座牵引站恢复供电。

## 4.2.3　事故原因

（1）暴雨导致的线路故障。老挝地处热带，每年 6～8 月是降雨高峰期，平均降雨量均在 200～350mm。暴雨天气导致老挝同塔双回线路 Nabong-KhodsaAad 相继发生接地故障是此次大停电事故的诱因。

（2）潮流转移引发连锁故障。双回线路跳开后，潮流转移至同一断面的其他线路上，导致线路因过电流而跳闸。而这些输电线路的断开也直接影响到了系统的稳定运行。

（3）网架结构薄弱，事故影响迅速扩大。老挝电网单回路和单环结构较多，北部电源中心远距离、大容量向万象负荷中心传输电能，网架薄弱，单一线路故障后事故影响迅速扩大，最终引起了高频和过电压等问题，使得北部电网发生解列。

（4）安全防线管理不到位。老挝电力系统缺乏有效的预防性维护体系，事故前并未对相关同塔双线进行故障设防，缺乏科学的应急预案和快速响应机制，容易导致在突发事件或自然灾害发生时，电力系统无法迅速采取有效措施保障供电，造成停电时间延长。

（5）电力投资不足，导致电网韧性整体较低。老挝作为发展中国家，经济水平有限，政府和企业在电力基础设施方面的技术升级和现代化改造资金不足，导致技术装备、管理水平落后，网架设计标准普遍偏低，抵御故障的能力较弱，大面积停电频繁发生。

## 4.2.4　事故启示

### 1. 需高度重视跨国、跨区电网的安全风险

电网跨国、跨区互联虽然优化了资源的配置范围，但一定程度上也增加了故障传播的风险。应重点加强跨国、跨区联网工程的规划管理，提前做好与邻国电力系统、国内跨区联网工程的调度准备工作，进一步明确联网系统

的安全运行边界，采取管理和技术措施，防范联网系统故障影响互联各
方安全。

**2. 合理、可靠的安全稳定防线是大电网安全稳定运行的重要保障**

近年来，老挝多次发生大停电事故。在 2022 年 3 月 15 日、3 月 23 日、
3 月 31 日，老挝北部电网也连续 3 次因恶劣天气造成线路故障跳闸，所引
发的大负荷无序脱网、频率电压大幅波动导致孤网瓦解。这些大停电事故事
件均表明第一道防线快速切除故障，第二道防线和第三道防线保证系统稳
定、防止系统崩溃的极端重要性。

# 4.3  古巴"9·27"大停电

2022 年 9 月 27 日，受到飓风"伊恩"的影响，古巴发生了全国性停电，
其中，中东部地区由于具有较为成熟的分布式发电和微电网系统，恢复进程
较快。西部地区供电方式较为集中而受灾严重，大量电力设施遭到了严重破
坏，在事故 2 天后才逐步恢复正常供电。

## 4.3.1  电力系统概况

古巴国土以古巴岛为主，同时包括周围 1600 多个大小不等的岛屿，拥
有约 1100 万人口。古巴电网骨干线路为一条贯穿整个古巴岛的 220kV 同塔
双回线路，并在首都哈瓦那地区东侧形成了一个 220kV 三角环，如图 4-1
所示。

古巴由于长期受到飓风、洪水等自然灾害威胁，其发电系统具有显著的
分布式特征，具备一定抵御自然灾害的弹性。截至 2021 年底，古巴全国总
装机容量约 650 万 kW，其中分散式小型燃油发电站 283 万 kW（44%），集
中式热电厂 260 万 kW（40%），燃气电站 52 万 kW（8%），光伏、小水电、

风电等剩余电源 52 万 kW（8%）。2021 年古巴全国发电量约 190 亿 kWh，其中火电占比高达 95%。古巴全网最大负荷约 315 万 kW。

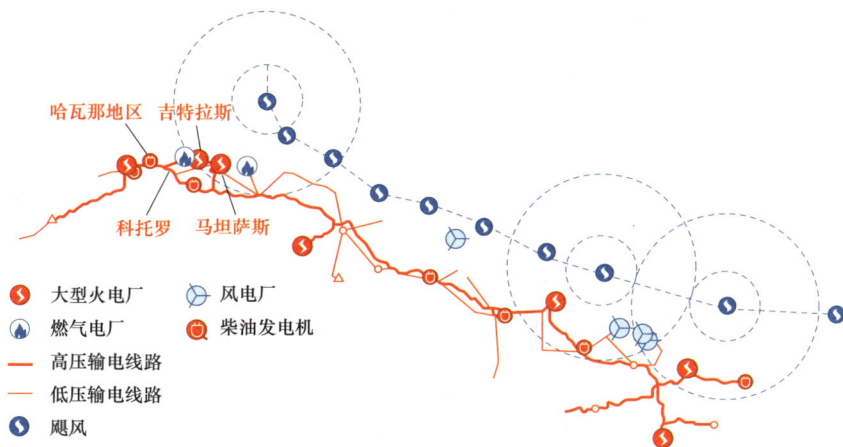

图 4-1　古巴电网结构及电源分布

## 4.3.2　事故过程

### 1. 事故经过

（1）本次"伊恩"飓风起源于大西洋热带气旋，在加勒比海域附近形成风眼并朝西北方向行进，并逐步演变为三级飓风（相当于超强台风，最高风速达到 57m/s）。9 月 27 日 04 时 30 分，"伊恩"在古巴西部省份比那尔德里奥登陆，导致古巴西部省份大量输电线路、变压器和二次系统受到破坏，损失负荷约 83.5 万 kW，并使得西部向中东部送电潮流加重。

（2）17 时 24 分，飓风导致首都哈瓦那附近吉特拉斯 – 马坦萨斯（Guiteras-Matanza）220kV 双回线路的其中一回线路故障跳闸。

（3）17 时 52 分，吉特拉斯 – 马坦萨斯 220kV 双回线路的另一回线跳闸。

（4）潮流转移至西部与中东部之间的科托罗 – 马坦萨斯（Cotorro-Matanzas）220kV 输电线路，导致该线路过载跳闸。

（5）多条线路跳闸后，西部电网与中东部电网解列，西部电网电源过剩、频率上升，中东部电网电源不足、频率下降，最终频率失稳、全网崩溃，损失负荷约 220 万 kW，导致全国性大停电。

### 2. 电力恢复

古巴电力公司（UNE）在该国西部、中部和东部的三个地区展开了积极抢修。中东部地区由于具有较为成熟的分布式发电和微电网系统，恢复进程较快；西部地区依赖于集中式热电厂供电，且大量电力设施遭到了严重破坏，恢复时间较慢。9 月 29 日，即事故两天后，古巴西部和中东部电网才重新恢复并网。

## 4.3.3　事故原因

（1）飓风导致输电线路跳闸、电网损坏。飓风"伊恩"在古巴西部省份比那尔德里奥登陆时，带来的强降雨和狂风直接导致了大量输电线路、变压器和二次系统的破坏。

（2）电源分布不合理，极端天气将主力电源"一锅端"。古巴的电源以火电为主，在首都哈瓦那周边聚集了多个热电厂，这些集中分布的热电厂也是此次飓风摧毁的主要发电设施群，灾后恢复难度大，停电时间长。

（3）网架薄弱，故障影响迅速蔓延。极其脆弱的主网架则是故障迅速蔓延的重要原因，古巴西部和中东部仅通过一条贯穿整个古巴岛的 220kV 同塔双回线路连接，抵御极端天气的物理基础十分薄弱，电网韧性不足。

（4）极端天气下的事故应对能力不足。缺乏应对极端天气的科学应急管理预案和机制，或应急预案考虑不充分，短时间内难以实施科学有效的解决方案。从事故过程看，220kV 吉特拉斯 – 马坦萨斯双回线路其中一回跳闸到另一回跳闸，经过了大约 30min，在这个时间里，UNE 仅采取了调减送端功率的被动措施，没有采取分区孤网运行等主动措施，事故应对方法有限。

（5）能源保供能力不足。受能源危机影响，古巴发电燃料供应不稳定（超过 50%依赖进口），发电能力严重不足，加之设备相对老旧、传输损耗高。在极端天气下，古巴一次能源的缺乏、基础设施的缺陷所带来的负面影响容易被放大。

### 4.3.4　事故启示

#### 1. 极端自然灾害已成为威胁电力系统安全的重大风险

古巴历史上多次遭受超强飓风袭击,然而古巴电力设施大多建于苏联时期,部分设备超期服役(当地热电厂运行时间基本超过 30 年的使用寿命期),自然灾害设防标准低,难以应对极端自然灾害的侵袭。达沃斯世界经济论坛已连续 6 年将极端气候事件定为发生可能性最高的全球十大风险之首,极端自然灾害一旦导致系统运行条件超过电力系统设计标准和运行边界,将对电力安全供应造成巨大冲击。

#### 2. 分布式、微电网是提升电力系统韧性的有效手段

古巴电力系统中分布式电源占比超过 40%,有力保障地区电力供应平衡,长链型主网架主要作为紧急支援作用。本次大停电事故后,分布式电源和分布式、微电网充分发挥了快速恢复的特点,具有较为成熟的分布式发电和微电网系统的古巴中东部地区电力系统恢复更快,体现出了更强的韧性。随着我国新型电力系统建设加速,分布式新能源成为重要增量电源,数字电网技术的快速发展,将充分发挥分布式、微电网在停电后自主恢复本地重要负荷的关键作用,提升电力系统整体韧性。

# 第 5 章

## 2023 年国际大停电事故

# 5.1 巴基斯坦"1·23"大停电

2023 年 1 月 23 日清晨，因南北联络通道电力传输过载引发低频振荡和直流换相失败，巴基斯坦发生全国性大面积停电事故，全国电网完全崩溃，包括首都伊斯兰堡、第一大城市卡拉奇在内的全国大部分地区失去电力，损失全部负荷约 1200 万 kW，影响人口约 2.2 亿。事故发生后，大部分地区在 12h 内恢复了供电。

## 5.1.1 电力系统概况

巴基斯坦电力系统的基本情况在 3.2.1 节已进行了介绍，以下仅对更新的数据和信息进行单独说明：截至 2022 年 6 月底，全国装机容量 4054 万 kW，其中火电装机容量 2401 万 kW（占 59.2%）、水电装机容量 1045 万 kW（占 25.8%）、核电装机容量 335 万 kW（占 8.3%）、新能源装机容量 273 万 kW（占 6.7%）。火电主要分布在南部，水电主要分布在北部，冬季主要潮流由南部向北部。巴基斯坦全国共有 20 座 500kV 变电站、52 座 220kV 变电站。2022 年总发电量 1539 亿 kWh，最大负荷约 2573 万 kW。

## 5.1.2 事故过程

### 1. 事故前运行方式

巴基斯坦电源侧以火电为主，向下调节能力不足。夜间通过限制风电出力实现调峰，早晨负荷爬升时再解除限制，提高风电并网功率。

（1）1 月 18 日，南北交流联络通道的 500kV 古杜—穆扎法尔格尔（Guddu-Muzafargarh）线路由于大雾天气已停运；1 月 21 日，南北交流联络通道的 500kV 莫罗 – 拉希姆·亚尔·汗（Moro-RY Khan）线路由于电压控制需要已停运，南北交流联络通道剩余 3 回 500kV 线路。

（2）大停电发生前 4min（07 时 30 分），系统发电功率约为 1168 万 kW，其中南部电网发电 583 万 kW、负荷 170 万 kW，北部电网发电 585 万 kW、负荷 998 万 kW，南北联络断面交流通道送电功率 173 万 kW，直流通道送电功率 240 万 kW。大停电发生前 4min 南部电网和北部电网运行方式如图 5 – 1 所示。

（3）同时，国家电力控制中心（NPCC）解除了对风电（主要位于南部电网）出力的限制，风电并网功率立刻上升，同时北部电网负荷爬升速度快于南部电网。为保障系统电力平衡，NPCC 调度命令北部的巴罗塔（Barotha）水电站于 07 时 32 分关停 1 台机组，并降低其余机组出力。

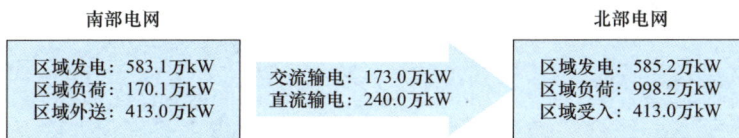

| 南部电网 | | 北部电网 |
|---|---|---|
| 区域发电：583.1万kW<br>区域负荷：170.1万kW<br>区域外送：413.0万kW | 交流输电：173.0万kW<br>直流输电：240.0万kW | 区域发电：585.2万kW<br>区域负荷：998.2万kW<br>区域受入：413.0万kW |

图 5 – 1　大停电发生前 4min 南部电网和北部电网运行方式

## 2. 事故过程

巴基斯坦大停电事故发展过程为：解除南部风电出力限制后，南部向北部电网送电功率快速增长，南北交流联络通道重载并突破静态电压稳定边界，系统出现低频振荡，引发直流受端换相失败，潮流转移至南北交流联络通道后，导致出现严重的功角振荡，全国电网解列为南部电网和北部电网 2 部分，南部电网和北部电网第三道防线配置存在缺陷、切负荷量配置不足，最终导致电网完全崩溃。事故的具体时序如图 5 – 2 所示，电网各部分事故过程记录见表 5 – 1～表 5 – 3。具体分析如下：

**3** 07时32分，因有功不平衡，系统频率升至50.75Hz，调度下令关停巴罗萨水电厂机组调节频率

巴罗萨水电厂

**15** 北部电网采取低频减载、低压减载切除负荷383.4万 kW，但仍未稳定，最终系统崩溃

**5** 07时34分14秒，拉合尔换流站母线电压在振荡中低至391kV，直流出现换相失败，直流功率下降

拉合尔换流站

**4** 07时32分20秒，巴罗萨水电厂降出力时，南北交流通道送电功率大幅增长，通道上出现低频振荡

HVAC交流潮流

**6** 07时34分14秒，直流换相失败，30.4万 kW功率转移至交流通道，加重通道上功率振荡现象

拉希姆・亚尔・汗电厂

**7** 07时34分14秒908毫秒，南北交流通道线路因振荡闭锁跳闸，系统解列为南北系统

新古杜电厂

HVDC直流潮流

**1** 事故前，500kV 莫罗 - 拉希姆・亚尔・汗线路停运

莫罗电厂

**2** 07时30分，南部风电出力限制解除，南北送电通道潮流加重

马提亚里换流站

**10** 07时34分15秒408毫秒，直流双侧频率差使得直流FLC动作，提升直流功率由240万 kW至340kW

**13** 07时34分29秒987毫秒，南部电网低频减载动作，但措施量不足，导致直流双极闭锁

**8** 南部功率过剩，出现高频、高电压稳定问题

尼基电厂

**9** 07时34分15秒250毫秒，尼基近区线路由于过压保护跳闸，KE电网与南部断开，南部频率进一步升高

卡西姆港水电厂

**11** 07时34分15秒935毫秒，南部频率升至51.4 Hz，卡西姆港机组未按照定值高频切机

K2/K3

**14** 南部电网机组连锁跳闸，南部电网崩溃

**12** 南部电网高频问题引发 K2/K3电厂高周跳闸，甩负荷194万 kW，使电网由高频转为低频问题

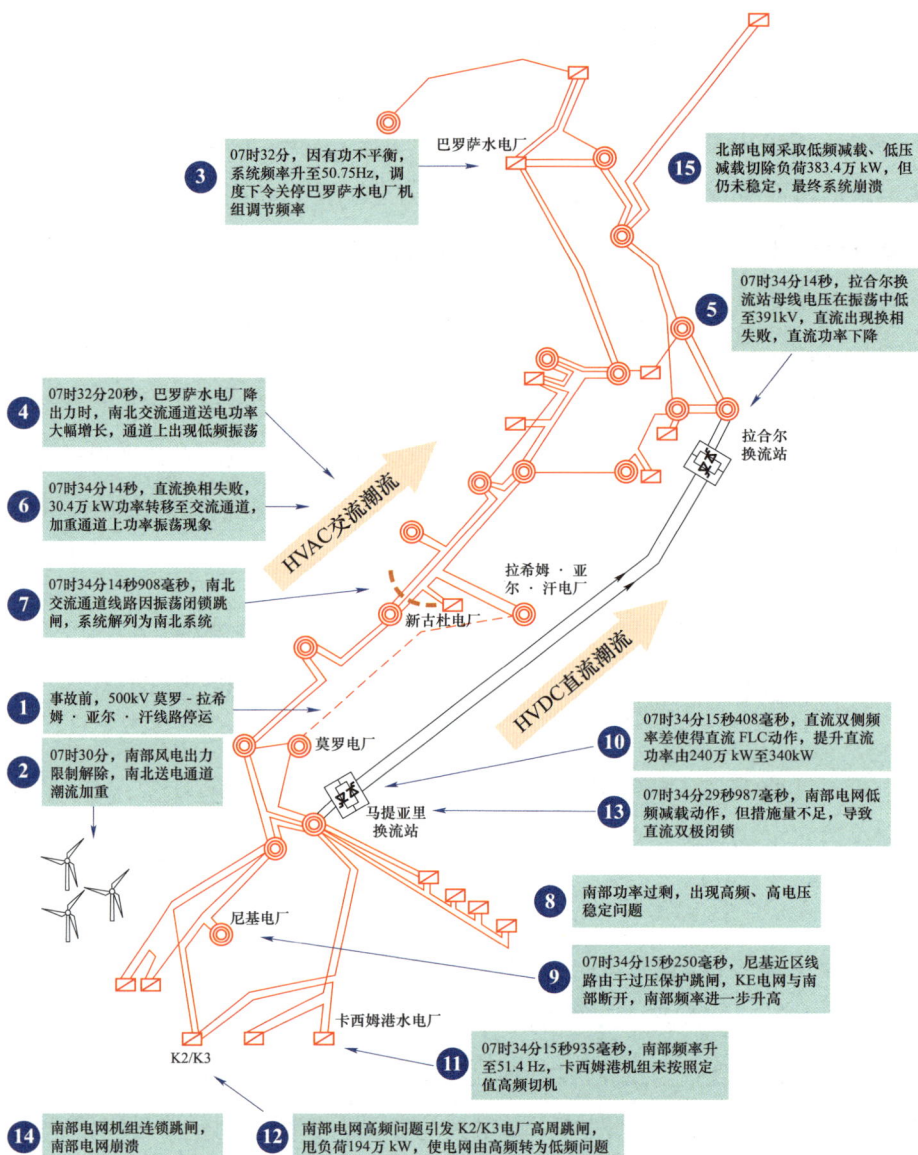

图 5-2　巴基斯坦大停电事故发展过程

表 5-1　　　卡拉奇电力公司（KE）电网事故过程记录

| 时刻 | 事件描述 |
|---|---|
| 07 时 34 分 14.906 秒 | 500kV 系统发生扰动，系统出现高频稳定问题 |
| 07 时 34 分 15.205 秒 | BQPS 3 站负荷由 23.9 万 kW 降低至 7.9 万 kW |
| 07 时 34 分 15.350 秒 | 尼基–贾姆肖罗（NKI-Jamshoro）线路与 NKI-K2K3 线路由于过电压跳闸 |

续表

| 时刻 | 事件描述 |
| --- | --- |
| 07 时 34 分 16.224 秒 | 低频减载保护动作 |
| 07 时 34 分 16.860 秒 | 低压减载保护动作 |
| 07 时 34 分 17.706 秒 | BQPS-3，单元 10 由于供热负荷变化保护动作跳闸 |
| 07 时 34 分 18.823 秒 | BQPS-3，单元 20 由于低频保护动作跳闸，KE 电网接入 500kV 区域崩溃 |
| 07 时 34 分 43.800 秒 | KE 电网接入 220kV 区域崩溃 |

**表 5-2　　　±660kV HVDC 事故过程记录（直流送端）**

| 时刻 | 事件描述 |
| --- | --- |
| 07 时 34 分 13.222 秒 | 直流送端交流侧电压下降至 478kV |
| 07 时 34 分 15.568 秒 | 直流送端直流频率限制控制（frequency limit control，FLC）控制启动 |
| 07 时 34 分 16.130 秒 | 直流送端由于 FLC 控制直流功率提升 1000MW |
| 07 时 34 分 29.287 秒 | 直流送端极 1 闭锁 |
| 07 时 34 分 30.001 秒 | 直流送端极 2 闭锁 |

**表 5-3　　　±660kV HVDC 事故过程记录（直流受端）**

| 时刻 | 事件描述 |
| --- | --- |
| 07 时 34 分 14.895 秒 | 直流极 1 换相失败 |
| 07 时 34 分 14.895 秒 | 直流极 2 换相失败 |
| 07 时 34 分 30.241 秒 | 交流侧相电压降低至 213kV，直流侧电压降低至 226kV |
| 07 时 34 分 30.258 秒 | 直流受端极 1 闭锁 |
| 07 时 34 分 30.270 秒 | 直流受端极 2 闭锁 |

（1）07 时 34 分，系统发电功率上升至 1202 万 kW，其中南部电网发电 645 万 kW（风电出力由 0kW 增长至 59 万 kW），负荷 180 万 kW；北部电网发电 557 万 kW（巴罗塔水电站出力减少 23 万 kW），负荷 1022 万 kW。南北联络断面的交流通道送电功率由 173 万 kW 增长至 225 万 kW，直流通道送电功率保持 240 万 kW 不变，运行方式如图 5-3 所示，具体运行数据

可参考表 5-4。

南部电网

区域发电：645.2万 kW
区域负荷：180.0万 kW
区域外送：465.2万 kW

交流输电：225.2万 kW
直流输电：240.0万 kW

北部电网

区域发电：556.9万 kW
区域负荷：1022.1万 kW
区域受入：465.2万 kW

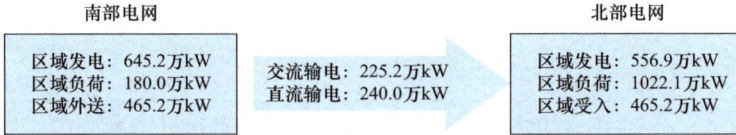

图 5-3　大停电发生前时南部电网和北部电网运行方式

表 5-4　　　　　　　南部电网和北部电网运行数据（万 kW）

| 运行状态 | 07 时 30 分 | 07 时 34 分 | 备注 |
|---|---|---|---|
| 南部电网发电功率 | 583.1 万 kW | 645.2 万 kW | 风电增长 59.1 万 kW |
| 南部电网负荷需求 | 170.1 万 kW | 180 万 kW | |
| 北部电网发电功率 | 585.2 万 kW | 556.9 万 kW | 水电减少 23 万 kW |
| 北部电网负荷需求 | 998.2 万 kW | 1022.1 万 kW | |
| 交流联络线传输功率 | 173 万 kW | 225.2 万 kW | 增长 52.2 万 kW |
| 直流联络线传输功率 | 240 万 kW | 240 万 kW | |

（2）在南部风电出力增长、北部巴罗塔水电站降出力期间，NPCC 未选择提升直流输电线路功率，因此南北联络断面的交流通道送电功率大幅增长，通道末端出现低电压现象（南北交流联络通道最长达到 1100km，且位于中枢位置的新古杜电厂未开机，因此南北交流联络通道重载后出现无功不足的情况，巴罗塔水电站 1 台机组关停进一步恶化无功缺额问题）。

（3）由于南北交流联络通道末端电压逐渐降低，系统逐渐濒临并突破静态电压稳定边界，开始出现低频振荡现象。

（4）07 时 34 分 14 秒 895 毫秒，直流输电线路受端的拉合尔（Lahore）换流站交流母线电压在振荡中低至 391kV，直流出现换相失败，直流功率下降，约 30.4 万 kW 功率转移至南北交流联络通道，南北交流联络通道出现严重的功率振荡，但失步解列装置未按预想动作将南北部电网解列。

（5）07 时 34 分 14 秒 908 毫秒，南北交流联络通道中的 3 回线路［500kV 古杜－德拉加齐汗（Guddu-DG Khan）线路、500kV 古杜－穆扎法尔格尔（Guddu-Muzafargarh）线路、500kV 古杜 747－拉希姆·亚尔·汗（Guddu 747－RY Khan）线路］由于振荡闭锁而跳闸，巴基斯坦电网解列为南北两部分，仅通过直流异步连接。

（6）南部电网由于功率过剩，频率最高升至 51.525Hz，并出现过电压情况，北部电网由于功率缺额，频率、电压持续降低。

（7）07 时 34 分 15 秒 250 毫秒，南部电网 500kV 尼基－贾姆肖罗（NKI-Jamshoro）线路和 500kV NKI-K2/K3 线路由于过电压保护动作跳闸（延时设置仅为 0.1s，事故后电网公司已修改为 8s 和 11s），KE 电网与南部电网 500kV 侧断开，南部电网 52.1 万 kW 功率无法送出，功率过剩问题更加严重。

（8）07 时 34 分 15 秒 408 毫秒，直流 FLC 动作将传输功率由 240 万 kW 提升至 340 万 kW 以平衡南北电网的频率。在此期间，南部电网的卡西姆港（Port Qasim）火电站 2 号机组未按照定值要求（51.4Hz，无时延）高频切机，而是采取了降功率的方式，导致南部电网高频问题未得到缓解，引发 K－2（容量 104 万 kW）和 K－3 火电厂（容量 90 万 kW）跳闸（定值 50.5Hz，时延 0.25s），南部电网立刻从高频问题转为低频问题。

（9）南部电网低频减载动作，但 42.6 万 kW 的负荷减载量仍未阻止频率下跌。07 时 34 分 29 秒 987 毫秒，直流系统闭锁，随后引发南部电网各大电厂由于低频保护连锁跳闸。07 时 34 分 43 秒 800 毫秒，整个南部电网崩溃。

（10）北部电网通过低频减载、频率变化率保护、低压减载切除负荷 383.4 万 kW，但仍未阻止频率下跌并最终导致电网崩溃。

### 3. 电力恢复

（1）恢复过程中，巴基斯坦电网仅 4 座电厂开展了黑启动，包括北部电网的塔贝拉水电站（装机容量 145 万 kW）、曼格拉水电站（装机容量 100 万 kW）和沃萨克水电站（装机容量 24 万 kW）及南部电网的乌奇－Ⅰ火电站（装机容量 59 万 kW）。

（2）北部电网恢复过程：

塔贝拉水电站率先于 08 时 10 分重启，然而启动后系统频率在 45～55Hz 之间大幅度波动，导致发电机组在 09 时 10 分跳闸。随后塔贝拉水电站 9 次尝试再次重启，但始终未能维持系统频率稳定。

曼格拉水电站多次尝试启动，但前 2 次由于内部原因失败。第 3 次启动成功后，塔贝拉水电站与曼格拉水电站在 11 时 23 分试图联网运行，但因塔贝拉水电站在 11 时 38 分频率振荡导致恢复失败。曼格拉水电站最终于 16 时 29 分第 4 次启动成功并逐渐恢复电网。

沃萨克水电站是北部电网最早恢复稳定供电的电源，在 3 次启动失败后，于 15 时 33 分第 4 次启动成功并逐渐恢复电网。

（3）南部电网恢复过程：乌奇-I 火电站于 09 时 39 分启动了第一台发电机组，通过 220kV 乌奇－锡比（UCH-Sibbi）线路恢复对 220kV 锡比变电站供电，随后向附近的电源供电，南部电网电源和负荷逐渐增加，网架逐渐恢复。

（4）大部分地区在 12h 内恢复了供电，全国电网在 20 多小时后逐渐恢复。1 月 24 日，巴基斯坦电网才完全恢复正常。

### 5.1.3　事故原因

（1）调控失误导致人为降低系统裕度。在本次事故的开始阶段，由于中北部地区负荷迅速攀升，NPCC 下令南部电网机组增加出力，但后续没有做出运行方式相应调整。从有功层面来看，南北交流通道功率在事故前就处于 173 万 kW 的较高水平，南部机组增加出力后通道功率增至 225.2 万 kW，已达稳定极限边缘。实际上，当时直流运行功率仅为 240 万 kW，距离额定功率 400 万 kW 还有空间，在送受端可切机组和负荷量满足直流大功率运行要求的情况下，NPCC 更合理的方式安排是提升直流运行功率，避免南北交流通道功率过高。从无功层面来看，南北交流通道中部的重要支撑古杜电厂

停运，北部的加齐巴罗塔（GhaziBarotha）电厂又由于方式调整关闭 1 台机组，通道有功大幅增加和沿线无功支撑明显不足共同导致系统阻尼特性恶化。另外，南北交流通道上 2 回 500kV 线路的停运计划安排也恶化了系统运行条件。

（2）电源涉网保护配置不合理。从近年来巴基斯坦发生的多次大停电和历史上其他国家发生的大停电事故来看，电源涉网保护配置不合理，是导致连锁故障和大面积停电的一个普遍原因。在本次停电事故中，南北部电网交流断面解列后，南部电网因功率盈余而频率升高。卡西姆港电厂机组高频保护若能正确动作跳闸，则系统频率能够恢复到可接受水平，然而机组实际上只是缓慢回降出力而并未跳闸，这就导致系统频率进一步升高。对于卡拉奇（Kanupp）电厂 2 台大容量核电机组而言，由于其高频保护整定没有考虑系统承受能力，系统频率升高达到定值后 2 台机组同时跳闸，损失发电功率高达 194 万 kW，造成南部电网迅速由高频翻转为低频，为后续连锁反应埋下了伏笔。在南部电网和北部电网均出现频率大幅跌落后，由于部分机组低频保护定值不合理，在系统低频减载等措施动作之前非预期跳闸，进一步恶化了系统低频问题，最终导致南北部电网频率崩溃。

（3）电网安全防御措施不完善。与本地化和通用化的电力设备保护配置相比，电网安全防御措施配置需要更加全面地考虑系统特定需求，目前巴基斯坦电网的安全防御措施还相当不完善。由本次事故过程可知，在南部电网和北部电网出现大幅功率振荡后，南北交流通道配置的失步解列装置理应迅速动作，主动跳开相关交流线路平抑振荡，并将系统解列成供需相对平衡的几个部分。但事故中失步解列装置没有动作，持续的振荡造成南北交流通道 3 回 500kV 线路保护动作跳闸，系统被动解列成南部电网和北部电网，分别存在较大功率盈余和缺额，这是导致停电事故的关键因素。另外，南部电网由高频转为低频后，低频减载仅切除负荷 42.6 万 kW，未能阻止频率快速跌落，导致后续大量机组低频跳闸后频率崩溃。北部电网在直流闭锁后频率进一步跌落，尽管低频、低压、频率变化率（rate of change of frequency，ROCOF）减载等共计切除负荷 383.4 万 kW，仍因切负荷量不足而电网频率崩溃。

（4）黑启动及恢复能力不足。巴基斯坦电网发生大停电事故后的恢复时间往往较长，主要是由于机组黑启动和系统恢复能力不足，本次事故从发生、系统崩溃到全面恢复供电经历约 22h。在北部电网的恢复过程中，具有黑启动能力的 3 个电厂机组均发生多次跳闸，较大延误了系统的整体恢复进程。塔贝拉水电机组在黑启动后，无法维持恢复子系统的稳定运行，频率在 10Hz 范围内的大幅波动造成机组跳闸，导致先后经历了 9 次黑启动才成功，历时近 10h。类似地，沃萨克水电机组也在恢复过程中先后进行了 4 次黑启动。而曼格拉水电机组则尝试和塔贝拉机组联立运行，以此提高系统恢复效率，但由于迟迟未能成功，也历经了 6h 才稳定运行。除了北部电网上述机组、南部电网的乌奇-I 机组及 KE 地区的少数小机组以外，其他机组均不具备黑启动能力，这也制约了系统恢复方案制定。

（5）重要用户保障能力欠缺。从本次巴基斯坦大停电事故的各方报道来看，随着 NTDC 主网和 KE 地区电网崩溃全停后，各地的自来水供应、互联网、移动电话服务、医疗用电等重要用户均受到严重影响，难以维持城市正常运转。由此可以看出，巴基斯坦重要电力用户仍主要依赖电网供电，普遍没有配备足够的柴油发电机、不间断电源等自备应急电源和移动发电车等公共应急电源。在失去电网供电后，重要用户基本没有自保生存能力，只能被动等待电网恢复供电。一旦供电恢复过程受各方面因素影响导致较长延迟，全国将遭受巨大的经济损失和社会不稳定风险。

（6）网架结构薄弱，事故影响迅速扩大。巴基斯坦电网网架脆弱、古杜发电厂等关键电源保护不足是数次大停电影响范围快速扩大的重要原因。巴基斯坦最大的发电机组群在该国南部，而主要用电需求中心在北部，其电网南北交流联络通道呈薄弱的长链式结构（仅有拉合尔 – 马蒂亚里一条主要输电线路），一旦主要输电通道发生故障，没有任何其他输电系统可以进行

分级支援，难以快速有效隔离故障，容易造成潮流大量转移引发连锁反应而造成系统崩溃。同时，相关法规要求系统运营商必须在每年 4 月提交并网发电扩容计划（IGCEP）和输电系统扩容方案（TSEP）以获得批准，但 NTDC 已经连续两年未提交 TSEP。

## 5.1.4　事故启示

### 1. 大电网风险辨识不到位、调控失误将导致严重的电网安全事故

本次巴基斯坦大停电事故的起因是南部风电并网功率快速上升后，调度机构采取了北部水电关停、降出力，增加南北交流联络通道功率的措施，最终导致交流通道超过静态电压稳定极限，引发后续连锁过程。事故暴露出巴基斯坦调度机构对长距离交直流并联电网风险辨识不到位，对当前运行方式考虑不周，忽视长线路无功无偿和南北交流联络通道静稳极限，错误调控增大了南北交流联络通道潮流等问题。

### 2. 安全防线管理不到位容易导致事故影响扩大

巴基斯坦大停电事故中，失步解列装置未正确动作，南部电网高频切机执行不到位，频率持续恶化引发机组过切并转化为低频问题，南部电网和北部电网都存在低频减载量不足的问题，安全防线未能维持系统稳定，说明巴基斯坦电网的安全防线配置存在缺失，缺乏系统性、全局性的管理，导致事故进一步扩大。

### 3. 因地制宜建设黑启动电源、确保黑启动能力是大停电事故后电网恢复速度的关键

巴基斯坦大停电事故发生后，南部电网和北部电网分别开展了黑启动。南部电网以火电为主，具备黑启动能力的乌奇-I 火电站在故障后 2h 左右黑启动成功；北部电网以水电为主，是天然的快速黑启动电源，黑启动从 3 个水电站开始，但在黑启动过程中无法保持稳定，多次发生跳闸，导致北部电网恢复速度慢于南部电网。

# 5.2 南非"2·9"大面积限电

2023 年 2 月 9 日，由于电力供应严重短缺，南非总统西里尔·拉马福萨宣布全国进入"灾难状态"，并实施非关键行业限电、加快能源工程项目建设等紧急应对方案。尽管如此，南非停电限电的情况没有得到根本性缓解，电力短缺问题仍将长期存在。

## 5.2.1 电力系统概况

南非国家电力公司（Eskom）是一家运营发电、输电、配电和售电等业务的垂直整合电力公司，供电区域峰值需求约 3460 万 kW，约占南非电力供应的 95%，整个非洲电力供应的 45%。截至 2022 年 10 月，Eskom 总装机容量 4846 万 kW，其中煤电装机容量 3930 万 kW、燃气燃油装机容量 340 万 kW、核电装机容量 190 万 kW（科贝赫核电站，也是非洲唯一的核电站）、水电装机容量 330 万 kW、风电装机容量 34 万 kW、光伏装机容量 22 万 kW。2022 年上半年 Eskom 总发电量达 1193 亿 kWh，同比 2021 年上半年增加了 1 亿 kWh，但是比 2019 年下降了 30 亿 kWh（约 2.5%），其中燃煤发电量超过 80%。

南非电网最高电压等级为 765kV，主干输电网以 400kV 线路为主，长度约 28000km，765kV 和 400kV 高压输电线路将北方的煤电基地与内陆及沿海的负荷中心连成网。电能分布以北电南送，东电西送为主。

南非整体供电可靠性较差，2022 年 1~9 月系统总停电时间为 1949h，平均停电时长为 7.2h/天。自 2022 年 10 月 31 日起，南非几乎每天都停电（停电时长超过了 99 天），用电量减少了大约 57.61 亿 kWh（约占用电量的 4.8%），如图 5-4 所示。

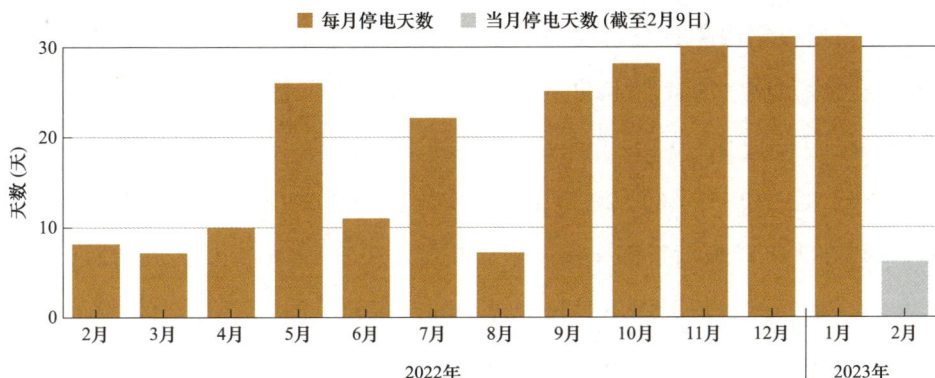

图 5-4　南非近一年每月停电天数

## 5.2.2　事故过程

### 1. 事故经过

南非近十年来电力严重短缺，由于发电容量无法满足需求，十多年来一直处于间歇性停电状态，为此 Eskom 建立一套分阶段限电计划预案，见表 5-5。

表 5-5　　　　　　　　　Eskom 各阶段限电计划安排预案

| 限电等级 | 减载 | 影响 | 停电用户比例 |
|---|---|---|---|
| 1 级限电 | 100 万 kW | 用户 2~4h 断开一次，4 天内停电 6h | ≤6% |
| 2 级限电 | 200 万 kW | 用户 2~4h 断开一次，4 天内停电 12h | ≤12.5% |
| 3 级限电 | 300 万 kW | 用户 2~4h 断开一次，4 天内停电 18h | ≤19% |
| 4 级限电 | 400 万 kW | 用户 2~4h 断开一次，4 天内停电 24h | ≤25% |
| 5 级限电 | 500 万 kW | 用户 2~4h 断开一次，4 天内停电 30h | ≤31% |
| 6 级限电 | 600 万 kW | 用户 2~4h 断开一次，4 天内停电 36h | ≤37% |
| 7 级限电 | 700 万 kW | 用户 2~4h 断开一次，4 天内停电 42h | ≤44% |
| 8 级限电 | 800 万 kW | 用户 2~4h 断开一次，4 天内停电 48h | ≤50% |

受发电机组故障频发、设备缺乏维护、燃料价格上涨等多重因素影响，南非限电令已成"常态"。南非自 2022 年以来出现了严重的供电危机，全国可用装机容量在当年 10 月降至总装机容量的 60% 以下（能源可用系数 EAF，全球平均水平约为 86%）。2022 年南非实施了超过 200 天不同级别的限电措施，而 2023 年以来每天都在实施限电措施，见表 5−6，电力短缺情况进一步加剧，最严重时每天停电时长超过 10h。每天给经济造成 2.04 亿～8.99 亿兰特（约合人民币 0.77 亿～3.41 亿元）的损失。

表 5−6　　　　　　　2023 年 2 月南非实行电力减载情况

| 日期 | 限电起始时间 | 限电结束时间 | 限电等级 |
|---|---|---|---|
| 2023 年 2 月 10 日 | — | 16 时 | 3 级限电 |
| | 16 时 | 24 时 | 4 级限电 |
| 2023 年 2 月 11 日 | 00 时 | 05 时 | 4 级限电 |
| | 05 时 | 24 时 | 3 级限电 |
| 2023 年 2 月 12 日 | 00 时 | 05 时 | 3 级限电 |
| | 05 时 | 16 时 | 2 级限电 |
| | 16 时 | 24 时 | 3 级限电 |
| 2023 年 2 月 13 日 | 00 时 | 16 时 | 3 级限电 |
| | 16 时 | 24 时 | 4 级限电 |

2 月 9 日晚，南非总统拉马福萨在开普敦发表年度国情咨文，并宣布南非全国由于电力危机影响进入灾难状态，以应对电力危机及其影响，并将实施如下措施：

（1）保障基础电力需求。在实施限电时通过小型发电机、光伏电池板和储能保障食品生产、存储和零售企业，以及医院等关键基础设施的用电。

（2）加强公共管理。允许政府绕过一些立法步骤制定法规和发布指示，例如在减载期间为公众提供救济，并打击或处理对电力设施的破坏性行为。

（3）提高电建效率和应急能力。在保持严格的环境保护、采购原则和

技术标准的基础上，加速推进能源项目和电力应急采购。

### 2. 事故影响

（1）这次停电事故给南非国内经济带来了沉重的打击。由于电力供应的中断，许多工厂和企业无法正常生产，导致生产力下降，经济损失严重。据估计，停电给南非造成的经济损失每天高达数亿兰特。此外，停电还导致南非的税收减少，执政者面临挑战，可能会引发政局动荡。

（2）停电事故对南非的社会稳定也产生了负面影响。由于电力供应的不稳定，南非的社会治安环境恶化，民众的生活质量下降，社会矛盾进一步激化。停电还导致南非的电力市场出现混乱，电价飞涨，进一步加剧了民众的生活压力。

（3）在国际层面，南非的停电事故也引发了国际社会的关注。许多国家和国际组织对南非的电力危机表示关切，并提供了援助和支持。同时，南非的停电事故也提醒了其他国家和地区要重视电力基础设施的建设和维护，加强电力市场的监管和管理，以避免类似的事故再次发生。

## 5.2.3　事故原因

（1）大量发电机组故障，可用发电容量急剧减少。南非燃煤发电占比高，但相关发电厂设备老旧，超期服役严重（15 座燃煤发电站中，有 13 座都是在 1990 年以前建成的），同时由于 Eskom 经营不善、常年亏损（Eskom 已陷入财政危机，如果没有政府救助，将无法偿还超过 220 亿美元的债务），对发电设备的运行维护不足，导致大量发电机组反复发生故障而非计划停运，是南非长期大规模限电的主要原因。

（2）国际能源价格上涨导致南非燃料储备告警。2022 年俄乌军事冲突爆发以来，国际煤炭和石油天然气等一次能源价格波动较大，严重影响南非的燃料供应，特别是在大量燃煤机组反复故障的情况下，南非严重依赖柴油发电机进行调峰。国际柴油价格飙升直接导致南非国内柴油储备迅速降低，

并于 2022 年 11 月告罄。

（3）电力设施长期被偷盗或破坏，电力行业内部腐败屡禁不止。南非长期存在违法偷盗电缆以及破坏电力设施的现象，电力行业始终存在管理不善、采购违规和贪污腐败等问题，例如 2017 年投产的梅杜匹（Medupi）和库西勒（Kusile）两座燃煤发电厂，建设时间长达 15 年且仅交付总装机容量的一半，但建设过程中出现了技术缺陷、完工延误及承包商与 Eskom 高级管理人员贪污获利等问题。

## 5.2.4 事故启示

### 1. 电力危机严重影响社会经济秩序，事关国家形象和国家安全

南非电力危机问题长达十几年，特别是近 5 年来停电时间、限电范围不断增长，对南非经济造成深重影响，在国际上造成南非"缺电"的长期印象。在现代社会，电力工业是关系国计民生的重要基础产业和公用事业，电力短缺导致的电力危机对于经济社会打击巨大，其损失、后果和影响难以估量，严重情况下甚至威胁国家安全。

### 2. 充分重视电力行业的适度超前发展

2008 年以前，南非处于电力富余状态，政府单方面关注矿业投资发展，忽视了电力基础设施的规划和建设，导致电力产能增长滞后于经济的快速发展。从 2008 年起，南非开始出现电力短缺，导致南非经济下降，而经济下降又导致电力投资不足、设备老化及超期服役严重，形成恶性循环。由此可见，经济增长与电力增长基本正相关，电力建设周期长、经济对电力依赖度高，决定了电力发展和建设必须适度超前于经济发展。通过不断优化电源结构、不断加强网架建设、科学合理预测电力需求，才能有效保障电力系统安全可靠运行。

### 3. 电力基础设施安全可靠运行是电力有序供应的基础

南非电力设施老化、运维管理不善，再加上电力系统长期压极限运行，

大量发电机组反复出现非计划停运或减出力，使得南非电力系统虽然有足够的电源和保障电源送出的电网，却长期无法保障电力有序供应。目前，设备运维不善、自然灾害、人为蓄意攻击都有可能破坏电力基础设施，成为电力系统不可忽视的重大风险。

# 5.3　阿根廷"3·1"大停电

2023 年 3 月 1 日下午，受火灾影响，阿根廷多条 500kV 的重要输电通道发生故障，导致首都布宜诺斯艾利斯以及中北部七个省份发生了大范围停电，超过 600 万户家庭约 2000 万人口受到了影响。在事故发生超过 3h 后，系统逐步恢复正常运行。

## 5.3.1　电力系统概况

阿根廷互联电力系统负责向阿根廷与乌拉圭供电，并与智利、巴西电网相连，其基本情况可参考 1.2.1，以下仅对更新的数据和信息进行单独说明：截至 2022 年底，阿根廷总装机容量 4292.7 万 kW，其中火电装机容量占 59%、水电装机容量占 26%、核电装机容量占 4%、非水可再生能源装机容量占 11%。2022 年总发电量达 1450.5 亿 kWh，其中火电发电量占 56.4%。2022 年系统最大负荷为 2828.3 万 kW。

## 5.3.2　事故过程

### 1. 事故前系统状态

事故前，阿根廷电网总负荷需求为 2643.4 万 kW（南部地区为 1045.5 万 kW，创夏季最高纪录），系统运行正常，备用充足。

101

## 2. 事故经过

（1）3 月 1 日 15 时 59 分，由于附近牧场火灾影响（火灾浓烟中的碳颗粒使得线路附近的空气成为导体，引发线路短路后自动跳开），阿根廷 500kV 坎帕纳–罗德里格斯（Campana-Rodríguez）双回线路的其中一回（传输容量 34.5 万 kW）短路跳开，国家核电站阿图查一号（Atucha I）由于保护动作停止服务，阿根廷南部互联系统的负荷减少 90 万 kW。

（2）16 时 11 分，500kV 贝尔格拉诺–罗德里格斯（Belgrano-Rodriguez）线路（传输容量 116 万 kW）受火灾影响断开，受低电压影响，负荷减少 230 万 kW。

（3）16 时 13 分，500kV 坎帕纳–罗德里格斯的另一回线路（传输容量 52 万 kW）断开连接。

（4）16 时 32 分，500kV 阿图查二号–罗德里格斯（Atucha II-Rodriguez）线路（传输容量 130 万 kW）断开。至此，罗德里格斯（Rodriguez）站北部断面三回线路全部断开。

（5）16 时 33 分，由于潮流大范围转移至西部断面，500kV 大门多萨–迪亚曼特斯河（Gran Mendoza-Río Diamantex）线路过载跳闸，阿根廷互联系统发生大功率振荡，多条 500kV 输电线路断开，稳控系统减少了加拉比直流约 60 万 kW 的电力进口。

（6）16 时 40 分，500kV 罗萨里奥西部–卡布拉尔溪（Rosario Oeste-Arroyo Cabral）线路断开，恩巴尔塞（Embalse）核电站（装机容量 65.6 万 kW）脱网，500kV 圣克鲁斯河–埃斯佩兰萨（Río Santa Cruz-Esperanza）线路断开，圣克鲁斯省发生停电。剩余区域解列为北部和南部两个子系统。北部地区未切负荷，南部地区低频减载装置动作，导致巴塔哥尼亚、科马休和布宜诺斯艾利斯等地区的负荷减少约 450 万 kW。

## 3. 电力恢复

（1）17 时 02 分，系统开始逐步恢复，500kV 贝尔格拉诺–罗德里格斯线路投入使用，阿根廷南北子系统重新恢复互联。

（2）17 时 18 分，500kV 罗萨里奥西部–卡布拉尔溪线路投入使用，中心区域开始与阿根廷电力系统的其余部分相连。

（3）18 时 30 分后，500kV 阿图查二号–罗德里格斯线路、500kV 圣克鲁斯河–埃斯佩兰萨线路相继投入运营，三个受影响的线路中的两个已经恢复，停电受影响区域逐步恢复。

（4）19 时 30 分后，通过紧急抢修，阿根廷互联系统所有 500kV 线路已恢复服务。布宜诺斯艾利斯等地区的供电逐渐恢复为停电前水平，公共交通服务也开始恢复运营。

#### 4. 事故影响

事故导致超过 2000 万人受到影响，约占阿根廷电力用户总数的 40%，同时主要城市交通系统崩溃，医院和一些应急单位只能依靠备用发电设备维持最低限度的服务，社会经济活动受到严重冲击，居民的日常生活受到严重影响。

### 5.3.3　事故原因

（1）牧场火灾影响重要线路。本次大停电事故的起因是距离布宜诺斯艾利斯 60km 的 500kV 高压线附近的牧场发生的火灾，火灾区域附近为阿根廷东北部电站送入首都负荷中心的输电走廊，输电通道非常密集，一旦发生故障，极易蔓延，影响极大。

（2）调度人员应急能力不足。由于牧场火灾，4 回 500kV 输电线路在 33min 内相继故障跳闸，期间未及时调整方式、控制南北断面潮流，最终导致南北断面剩余 1 回线路连锁过载跳闸，引发南北解列的严重后果，反映出了调度人员应急能力的不足。

（3）高温天气导致居民用电大幅增加。受拉尼娜现象影响，近三年来，位于南半球的阿根廷及拉美多国遭遇持续高温干旱天气。特别是 2022 年 11 月至 2023 年 2 月的连续四个月中，是近 60 年来该国遭遇的最热夏季。高温天气导致居民用电大幅增加，使得阿根廷电网面临严峻挑战。

（4）电网主要输电通道裕度不足。阿根廷缺乏有效的能源政策和长远规划，主要输电通道长期压极限运行，安全风险较高。当火灾导致其中一回或两回线路烧断后，潮流转移，极易导致剩余线路过载，通道断开，最终导致系统解列。

### 5.3.4　事故启示

#### 1. 重要输电通道故障跳闸是威胁大电网安全的重大风险

本次大停电事故的起因是密集通道内的 4 回主干线路相继跳闸，引发后续连锁跳闸和电网解列，大容量、远距离输电通道安全需引起高度重视。我国"西电东送"已建成超过 20 回特高压直流输电大通道，跨越多个省区，最长超过 2000km，线路走廊环境复杂，山火、树障、覆冰、外力破坏等因素威胁输电通道安全，一旦发生重要输电通道故障或非计划停运，将严重影响电力供应甚至威胁大电网安全稳定运行。

#### 2. 灾害监测预警及处置是保障重要输电通道安全的重要手段

阿根廷首都近区发生牧场火灾后，未及时采取现场应急处置、调度联动等措施，导致密集通道内 4 回主干输电线路相继故障跳闸。由此可见，若重要输电通道附近的灾害监测不到位、预警及应急处置不及时，将可能引发密集输电通道、交叉跨越线路故障跳闸，引发大面积停电。

# 5.4　北欧"4·26"大停电

2023 年 4 月 26 日 06 时 40 分左右，瑞典斯德哥尔摩北部的哈格比（Hagby）变电站在检修期间发生人为误操作，引发两台变压器意外跳闸，瑞典福斯马克（Forsmark）核电站的 1 号和 2 号核电机组与系统断开连接，导致电力系统频率骤降至 49.3Hz（稳态值为 49.9～50.1Hz），负荷损失 210

万 kW，并引发了大停电事故。事故发生后，北欧电网通过事故频率备用，在短时间内将频率调节恢复至正常水平。

## 5.4.1　电力系统概况

### 1. 欧洲电力系统概况

欧洲同步电网包含欧洲大陆电网、北欧电网、英国电网、爱尔兰电网、波罗的海电网 5 个同步电网，其基本概况可参考 3.1.1 节，此处不再赘述。

### 2. 北欧电力系统概况

北欧同步电网覆盖了瑞典、挪威、芬兰和丹麦东部区域，主网架由 400kV、275kV、220kV 的线路构成，并通过 11 条直流与欧洲大陆电网、波罗的海电网、英国电网互联，包括挪威－德国、挪威－丹麦西部、挪威－荷兰、挪威－英国、瑞典－丹麦西部、瑞典－德国、瑞典－波兰、瑞典－立陶宛、芬兰－爱沙尼亚、丹麦东部－丹麦西部、丹麦东部－德国等直流通道。

本次事故主要与瑞典电网有关，瑞典是欧洲地区主要电力出口国之一，以水能、风能和核电为主，截至 2021 年底，瑞典电网总装机容量 4349.7 万 kW，本次事故相关的福斯马克核电站是瑞典容量最大的核电站，总容量 330 万 kW，提供瑞典总发电量的 14%。

## 5.4.2　事故过程

（1）4 月 26 日清晨，斯德哥尔摩北部 400kV 哈格比变电站 220kV 开关场开展检修工作，人为误操作带电拉隔离开关，如图 5-5 所示。隔离开关电弧引发三相短路故障，220kV 母线差动保护跳开所有 220kV 开关，但 1 号变压器 2 套主保护均未动作（1 套是由于保护装置存在问题，另 1 套是由于跳闸回路存在问题），导致其附近变电站的电压发生剧烈波动，如图 5-6 所示。

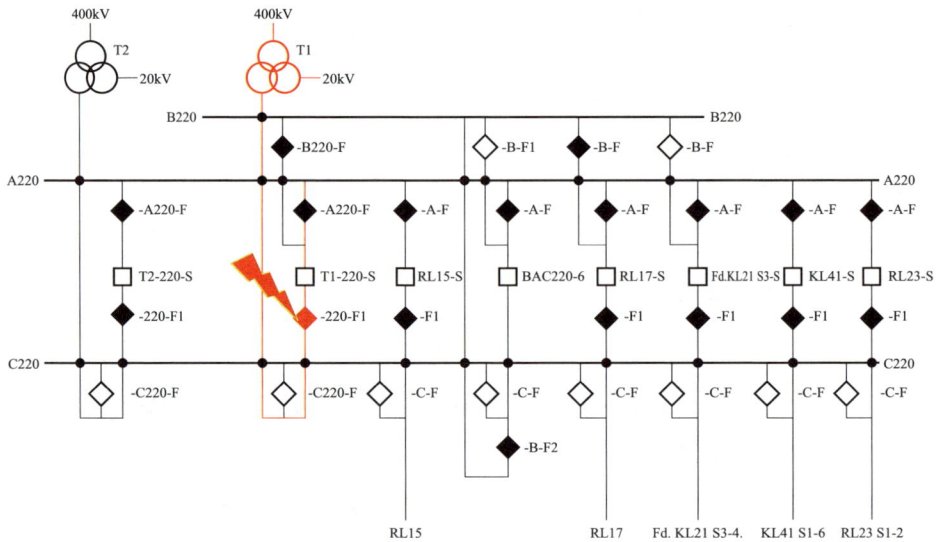

图 5-5 哈格比变电站 220kV 开关场结构及误操作导致三相短路故障示意图

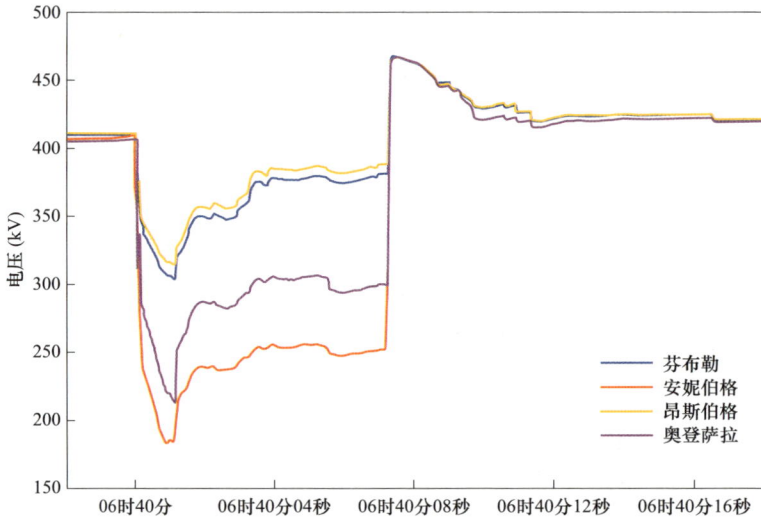

图 5-6 事故当天哈格比变电站近区变电站电压曲线

（2）故障后 1s 左右，位于斯德哥尔摩东北 150km 处的福斯马克核电站 1 号和 2 号机组由于持续低电压保护动作跳闸，损失发电能力约 213 万 kW，此外还有约 17.2 万 kW 的其他机组发生跳闸，超出北欧电网"$N-1$"扰动可承受的最大损失（140 万 kW）。

（3）在福斯马克核电站 2 台机组及其他相关机组跳闸后，北欧电网频率最低下降至 49.3Hz（低频减载第一轮定值为 48.8Hz）。

（4）频率下降后，北欧电网共调出 145 万 kW 事故频率备用（FCR-D）和 60 万 kW 正常频率备用（FCR-N），频率在 12min 内调节恢复到正常水平（49.9～50.1Hz），如图 5-7 所示。

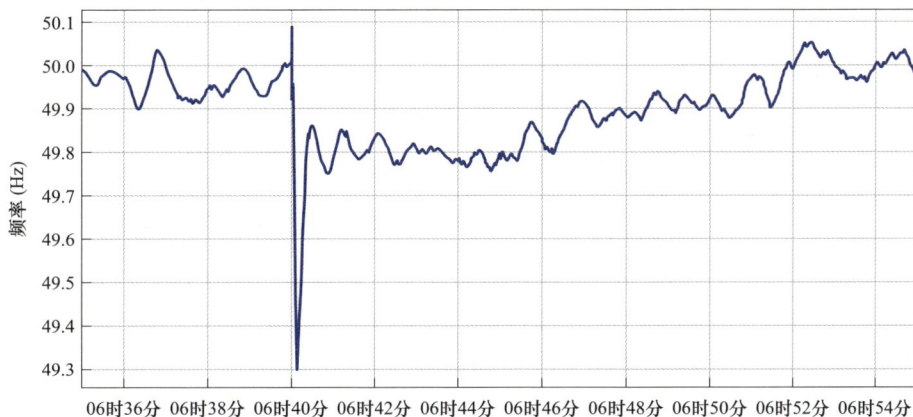

图 5-7　北欧电网频率变化曲线

尽管系统在短时间内恢复稳定，但事故仍导致部分用户电力供应中断，公共交通受到干扰，交通信号灯和通勤列车等其他系统出现故障，地铁及火车晚点，居民出行受到影响。

## 5.4.3　事故原因

（1）人为误操作引发系统运行故障。本次停电的直接原因是检修期间的人为误操作，带电拉隔离开关，引发三相短路故障，随后附近核电厂机组连锁跳闸导致停电。

（2）继电保护系统缺陷使得故障扩大。站内三相短路故障发生后，变压器 2 套主保护拒动，未能有效隔离故障导致主网和配网出现长达 7 秒的暂态低电压，导致核电站重要反应堆甩机，形成威胁电网安全运行的重大风险，最终导致频率急剧下降。

（3）瑞典能源结构单一，核电占比较高导致短时间无法有效支援。瑞典共有 3 座核电站，发电量约占瑞典全国的 30%，其中福斯马克核电站发电量占全国的 14%。本次停电间接反映了瑞典核电占比过高带来的潜在隐患，一旦重要核电机组退出运行，短时间内没有其他电源可以进行分级支援，容易引发连锁反应。

## 5.4.4  事故启示

### 1. 检修方式下的电网运行风险管控需引起高度重视

电网检修方式下，网架结构被削弱，抵御严重故障的能力降低，特别是在检修及复电期间，人为误操作、误碰等原因造成设备跳闸的风险加大，一旦导致三相短路故障或关键设备跳闸，易引发连锁故障导致大面积停电甚至系统稳定破坏。

### 2. 合理配置继电保护装置，严格把关三道防线

本次事故中第一道防线的重要性再次凸显，保护动作不正确、不灵敏动作将导致事故范围迅速扩大。随着我国新型电力系统建设加快，新能源渗透率逐渐增大，系统特性日趋复杂，我国电网成熟的安全防线管理面临挑战，应着力推进源网风险协同管控，加强系统性、全局性的管理：一方面在电网保护的配置、入网、检验、运维等多方面采取有力措施，一方面加强电厂涉网安全隐患排查，督促落实电厂风险防控主体责任，对于重要发电机组，必须满足相关低电压穿越要求，严防共模故障导致多台机组跳闸。

### 3. 加强源－网－荷协调发展，避免单一电源占比过大

本次停电发生地瑞典核电电源占比过大，一旦脱网即有可能严重冲击系统运行，同时导致系统出现较大功率缺额，影响电网安全稳定运行，极易引发大面积停电事故。

### 4. 加强备用管理，提升电网弹性

本次大停电事故发生后，北欧电网迅速备用发电机组，在停电发生后的 1h 恢复系统稳定运行，体现了备用电源在紧急情况下的重要性。严格保证

负荷备用＋事故备用，可以确保紧急情况下相互提供备用支援，切实提升应对局部地区供需大幅波动的供应保障能力。

# 5.5　巴西"8·15"大停电

2023 年 8 月 15 日 08 时 31 分左右,由于线路过载引发频率稳定问题,巴西发生了全国性的大规模停电事故。事故发生后 10min 即损失负荷约 1900 万 kW（占全国负荷的 25.9%）,停电范围覆盖了全国 26 个州中的 25 个,约 2700 万人受停电影响。在事故发生后的 6h 内,全国电力供应恢复正常。

## 5.5.1　电力系统概况

截至 2022 年底,巴西电网总装机容量为 1.82 亿 kW,其中水电装机容量占 60%、火电装机容量占 22%、核电装机容量占 1%、风电装机容量占 13%、光伏装机容量占 4%。水电主要分布于北部、东北部、东南部区域；火电分布于东部沿海区域、北部矿产资源点附近；新能源主要分布在东北部以及南部区域。

巴西电网主要由全国互联系统（SIN）和部分独立电网构成,电压等级在 230～800kV 之间（交流电压等级 750、500、440、345、230、138kV,直流为±800kV 和±600kV 两个电压等级）,其中全国互联系统覆盖约 60% 国土面积和 95% 人口,并形成了以 500kV 为主干网架,以±600kV（4 回）、±800kV（2 回）直流跨区输电的交直流混联电网,其连接了巴西主要的发电站和绝大多数用电地区,输电量达到全国发电量的 98.3%。独立电网主要分布在北部亚马逊地区,且与委内瑞拉等国电网相连,未并入全国互联系统。由于资源分配不均,巴西电网通过长距离输电通道将北部、东北部水电送入东南部负荷中心（东南部电网受电比例达 30%左右），形成典型的"北电南送"格局。

美丽山水电站位于巴西北部，其于 2020 年全部建成投产。该水电站装机规模为 24 台机组，共计 1123 万 kW，所发电力通过±800kV 美丽山特高压直流送出至东南部负荷中心。美丽山特高压直流分为一期和二期工程，额定输送容量均为 400 万 kW，电压等级均为±800kV。美丽山一期特高压直流线路长 2084km，于 2017 年 12 月建成投运，送端为欣谷换流站，受端为埃斯特雷图换流站；美丽山二期特高压直流线路长 2539km，于 2019 年 10 月建成投运，送端也是欣谷换流站，受端为里约换流站。

## 5.5.2 事故过程

### 1. 事故经过

（1）8 月 15 日 08 时 30 分，巴西全国互联系统负荷为 7348 万 kW。

（2）8 月 15 日 08 时 30 分 36 秒，东北部塞阿拉州 500kV 线路基沙达—福塔莱萨二号（Quixadá-Fortaleza Ⅱ）保护误动跳闸（保护装置逻辑错误导致的不正确动作），未发生线路短路故障。

（3）线路跳闸后，近区电压发生突降，随后部分线路传输有功功率基本不变、无功功率增长，导致另一回 500kV 线路测量阻抗进入保护动作区域而动作跳闸。随后，北部和东北部电网发生电压、频率振荡，触发失步保护动作，使得多条 500kV 和 230kV 输电线路解列断开，其中，北部电网在线路跳闸 2.6s 后解列，东北部电网在线路跳闸 18.6s 后解列，全国互联系统解列为三部分（北部电网、东北部电网、东南部电网）独立运行。

（4）电网解列后，美丽山一期、二期直流也由于送端欣谷换流站电压的剧烈下跌而触发低压保护动作，并发生直流闭锁（分别于故障后 15.633、15.694s）。

（5）同时，北部、东南部电网由于功率缺额，系统电压和频率持续下降，低频减载启动。东北部电网则由于功率过剩而启动高频切机及后续的低频减载。在故障发生后的 10min，即 08 时 40 分左右，负荷损失高达 1900 万 kW，约占总负荷的 26%。其中，北部电网负荷损失 83.8%、东北部电网负荷损失 44.4%，东南部电网负荷损失 19%、南部电网负荷损失 15.5%。

### 2. 电力恢复

8 月 15 日 08 时 53 分，巴西国调开始恢复被中断的负荷，将各区域电网重新并入全国互联系统，负荷恢复曲线如图 5-8 所示。当天 10 时 49 分，东北部电网恢复并网运行；12 时 01 分，北部电网恢复并网运行；14 时 49 分，在停电 6h 后，全国供电恢复正常。

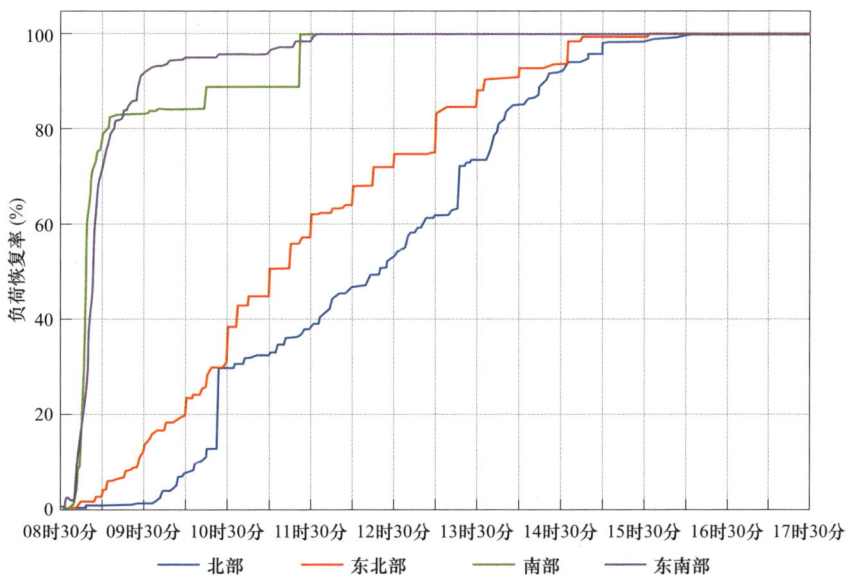

图 5-8　巴西大停电事故负荷恢复曲线

## 5.5.3　事故原因

（1）主干线路保护误动。本次停电的起因是由于 500kV 线路 Quixadá-Fortaleza Ⅱ 保护误动跳闸，引发近区电压突降和后续连锁反应。

（2）新能源故障穿越特性不满足要求。线路误动近区部分新能源机组的故障穿越特性与巴西国调仿真结果相差较大甚至特性相反，如图 5-9 和图 5-10 所示，这意味着巴西国调掌握的新能源机组模型和参数与实际情况存在明显差异，新能源机组暂态无功支撑能力未达到要求，是本次事故中"N-1"故障就导致电压突降并引起连锁反应的重要原因。

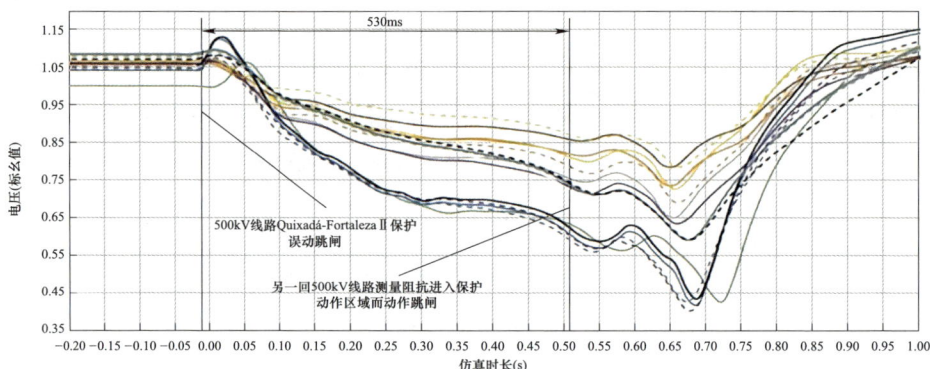

图 5-9　事故中故障近区 500kV 线路电压录波波形（出现电压持续降低的现象）

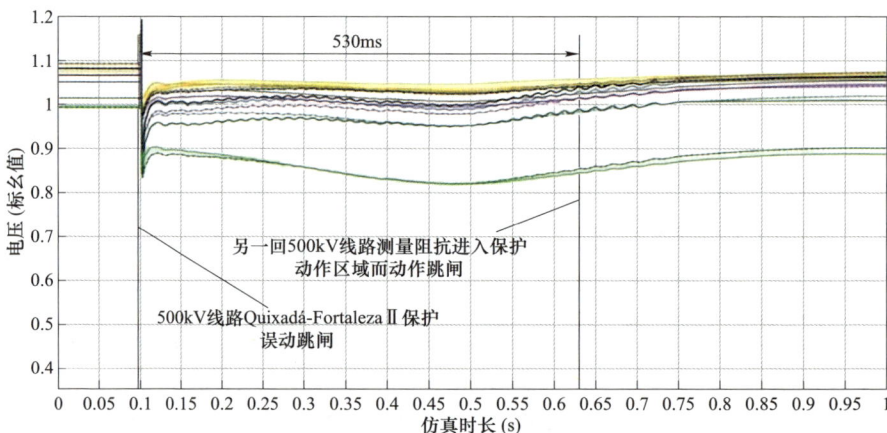

图 5-10　巴西国调事后仿真的线路电压波形（未出现电压持续降低的现象）

（3）安全防线管理不到位。巴西电网安全防线未能维持系统稳定，近 5 年来已第 2 次发生故障，引发北部、东北部电网与主网解列，最终导致大面积停电，暴露出巴西电网安全防线配置存在缺失，缺乏系统性、全局性的管理。

（4）巴西电网私有化加剧停电影响。本次事故中过载跳闸的 500kV 输电线路来自巴西中央电力公司（2022 年私有化，拥有巴西大部分发电和输电业务）。据相关报道称，私有化后该公司人员减少、缺乏经验丰富及合格的技术人员，导致系统故障期间应急能力不足而引发停电，且事故后电力恢复所需的时间也相对较长。

## 5.5.4　事故启示

### 1. 新能源高占比电网稳定性问题和仿真校核问题需引起重视

"8·15"巴西大停电故障最初发生在巴西东北部，东北部属于新能源富集区，低电压穿越能力、电压支撑能力、转动惯量等不足，且大量风电光伏机组暂态仿真系统参数配置与实际运行情况不符，导致"$N-1$"配置失效。由此可见，相比于火电、核电、天然气等常规电源，风电、光伏等新能源低惯量、低阻尼、弱支撑、低抗扰性、故障形态复杂等特征明显，出现故障后连锁反应特性更加复杂。随着我国新型电力系统加快建设，新能源并网比例不断攀升，维持系统安全稳定的物理基础被削弱，由此引发的电网稳定性问题和仿真校核问题需引起重视。

### 2. 合理、可靠的安全稳定防线是电网稳定运行的重要保障

"8·15"巴西大停电的直接原因是由于线路保护误动断开，安全防线管理不到位事故迅速扩大，暴露出对威胁大电网安全的重大风险点认识不足、风险管控不到位等问题。与传统电力系统相比，新型电力系统中高比例新能源与电力电子设备并网接入，系统复杂程度加深、不确定性增强，扰动或故障导致系统稳定破坏的风险增加。应警惕电网安全稳定防线的有效配置，并针对重要输电通道、交叉跨越点、枢纽变电站、重要二次系统等重大风险点积极进行系统性和全局性的管理，确保系统性风险可控、在控。

### 3. 警惕基础设施私有化可能带来的电网安全支撑能力降低问题

国外多数电力公司并非公有化运营，导致其运营主要目标是"盈利最大化"而非"供电可靠性最大化"。基础设施类国有企业作为国家经济发展的

"顶梁柱"，不仅为经济稳定发展提供必要的支撑，同时也是维护国家经济独立和国家安全的重要保障，私有化可能导致公共设施投入不足，人员管理不规范，存在安全支撑能力降低的潜在风险。

# 5.6　尼日利亚"9·14"大停电

2023 年 9 月 14 日凌晨，由于突发火灾导致输电线路受损跳闸，尼日利亚发生了全国性大面积停电事故，该国 36 个州和首都阿布贾的电力供应减少约 93.5%，持续时间达数小时。

## 5.6.1　电力系统概况

尼日利亚资源禀赋优异，是世界上天然气探明储量最大的国家之一，同时还是非洲最大的石油生产国和世界第六大石油出口国。该国输电网由尼日利亚输电公司（TCN）运营，主要电压等级为 330kV 和 132kV；配电网络由 11 家配电公司负责，主要电压等级为 33kV、11kV 和 0.415kV。作为西非电力联合体成员国之一，尼日利亚长期向尼日尔共和国、贝宁共和国和多哥共和国等国提供电力供应，是非洲主要电力出口国。

截至 2023 年 9 月，尼日利亚共有 23 座发电厂，全国装机容量 1638.4 万 kW，其中燃气发电装机容量占 73.07%，水电装机容量占 12.59%，其他类型（主要是燃油发电）装机容量占 14.34%。

近年来，由于尼日利亚多数发电设备陈旧，可用发电容量远小于总装机容量，输电基础设施匮乏，缺乏维护升级，人为破坏和偷盗现象严重。同时该国面临天然气供应不足等问题，电力需求缺口较大，电力供需矛盾成为阻碍经济社会发展的主要问题之一。

## 5.6.2　事故过程

### 1. 事故前系统状态

事故前一天，尼日利亚的电力系统运行情况见表 5-7，发电功率变化情况如图 5-11 所示，基本维持在 351.2 万～435.5 万 kW 的正常范围之间。

表 5-7　　　　　　　　　事故前系统运行状态

| 系统状态量 | 数值 |
|---|---|
| 系统负荷峰值预测结果 | 1979.8 万 kW |
| 系统总装机容量 | 1301.4 万 kW |
| 系统总发电容量 | 765.3 万 kW |
| 系统输电容量 | 810 万 kW |
| 历史最大发电功率 | 580.2 万 kW |
| 历史最大日发电量 | 1.195 亿 kWh |

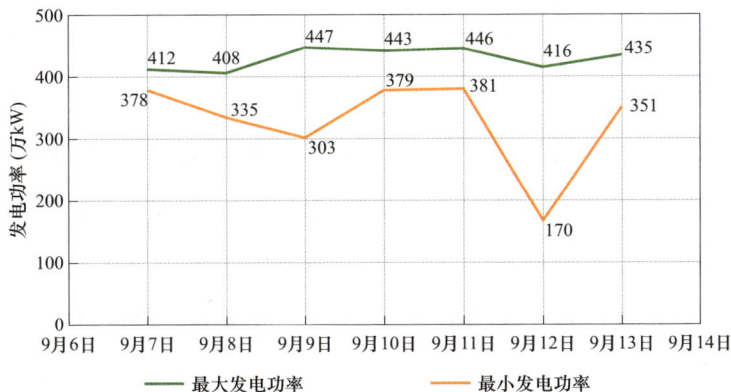

图 5-11　发电功率变化情况

### 2. 事故经过

（1）2023 年 9 月 14 日 00 时 35 分，尼日利亚中部地区发生火灾，导致

330kV 卡因吉－杰巴（Kainji-Jebba Ⅱ）线路蓝相（中性线）CVT 和隔离开关发生爆炸燃烧。该线路跳闸后事故迅速扩大，导致频率迅速从 50.29Hz 跌落至 49.67Hz，杰巴（Jebba）水电站损失了 35.66 万 kW 的发电容量（总发电能力为 57.8 万 kW）。

（2）当天 00 时 41 分，事故迅速扩大，频率从 49.37Hz 进一步下降到 48.41Hz，电网全面崩溃，尼日利亚负荷从 410 万 kW 跌落至 27.3 万 kW，损失 90% 以上电力供应。

### 3. 电力恢复

尼日利亚电网的恢复持续了近一天时间，全国可用发电容量见表 5–8，恢复过程具体如下：

表 5–8　　　尼日利亚 9 月 14 日全国可用装机容量

| 时间 | 01 时 | 02 时 | 03 时 | 04 时 | 05 时 | 06 时 | 07 时 | 08 时 |
|---|---|---|---|---|---|---|---|---|
| 可用装机容量（万 kW） | 3.61 | 3.43 | 22.7 | 53.4 | 66.0 | 79.9 | 4.9 | 5.7 |
| 时间 | 09 时 | 10 时 | 11 时 | 12 时 | 13 时 | 14 时 | 15 时 | 16 时 |
| 可用装机容量（万 kW） | 6.5 | 31.2 | 51.9 | 86.6 | 115.4 | 149.8 | 189.4 | 215.1 |
| 时间 | 17 时 | 18 时 | 19 时 | 20 时 | 21 时 | 22 时 | 23 时 | 24 时 |
| 可用装机容量（万 kW） | 219.6 | 235.6 | 307.5 | 336.6 | 360.5 | 322.0 | 352.4 | 314.9 |

（1）当天 10 时 30 分左右，尼日利亚全国电力供应开始逐渐恢复，发电能力水平从零逐步上升到 27.3 万 kW，仍远低于 410 万 kW 的日均值。

（2）当天中午，包括阿瓦达（Awada）输电站、乌古瓦吉（Ugwuaji）输电站及 33kV 加里基（Gariki）线路在内的大部分输配电站以及输电线路已经恢复正常运行。

（3）当天 20 时，尼日利亚大部分区域的火灾已经完全被控制住，超过一半的地区恢复电力供应，全国可用装机容量上升至 337 万 kW。

（4）9 月 15 日 04 时 58 分，尼日利亚全国恢复电力供应。

### 5.6.3　事故原因

（1）火灾引起主要输电线路跳闸。本次大停电事故中，尼日利亚两大水电站 Jebba、卡因吉（Kainji）之间的 330kV 输电线路受火灾影响跳闸，Jebba 水电站机组大量甩负荷。同时，故障发生时由于三道防线保护配合不足，局部故障无法被快速隔离，导致事故范围迅速蔓延扩大。

（2）主网网架薄弱，发电及输配电能力严重不足。本次停电事故中，关键厂站或单一线路故障严重影响电网安全稳定运行，最终引发大面积停电事故，暴露出尼日利亚整个电力系统无法形成坚强的网架，发电及输配电能力严重不足。一方面，尼日利亚多数发电设备陈旧，缺乏维护保养，可用发电能力不足装机容量的 1/4，进一步加剧了电力供应短缺问题。电网最大输送能力仅 800 万千瓦，成为电力供应的另一大瓶颈。

（3）能源供应缺乏稳定性，受非常规事件影响较大。尼日利亚部分产油区所在位置为恐怖主义活动猖獗的区域，对能源稳定供给造成负面影响。同时，尼日利亚还面临天然气供应不足、发电能力受季节影响较大等问题，枯水期的实际发电容量仅 400 万 kW，电力需求缺口逐年扩大。

（4）电力部门资金投入严重不足，监管力度不足。尼日利亚电力部门面临资金不足的重大挑战，缺乏对基础设施、维护和升级的投资，存在旋转储备几乎为零、系统控制能力弱、数据采集缺乏等致命缺陷。同时，电力部门监管框架还存在缺乏透明度、问责制和治理薄弱等问题，导致效率低下，使其难以吸引私人投资进入该行业，进一步加剧了资金不足、升级、投资电力基础设施的能力不足等问题。

### 5.6.4　事故启示

#### 1. 完备的三道防线是防止电网崩溃的重要措施

增强电力系统应对极端情况的能力，加强电网在极端运行方式下的安全稳定计算分析，进一步强化和健全"三道防线"建设，对于防止大范围停电事故具有重要意义。在系统发生解列、损失大量线路等极端情况下，"三道防线"能够快速阻止连锁反应进一步蔓延，避免系统全停，尽可能减少停电损失。

### 2. 源、网、荷需协调发展，共保电力系统安全

电力系统源、网、荷是有机整体，需要协调发展。合理的电源结构与布局是电力安全的重要支撑，坚强网架结构是电力安全的物质基础，重要用户自备电源的合理配置是大面积停电情况下避免次生灾害的有效保障措施。

### 3. 加强考虑一次能源供应风险的电网可靠性分析

在能源低碳发展的背景之下，一次能源供应对电力系统"压舱石"作用日益明显。一次能源供应不仅需要面临本土发生的极端天气的影响，还面临国外能源原产地极端天气、地缘政治和政策法规约束等多方面非常规因素影响。应提前充分预测和敏锐感知多元诱因导致的一次能源供应风险，以保证市场和调度机构有充分的时间和可行措施对风险，维持系统的平稳运行。

### 4. 持续保障电力支持投入力度，统筹发展与安全

近年来尼日利亚、委内瑞拉、阿根廷等国家接连发生大面积停电，其中对电力行业投入不足是导致网架安全基础薄弱、发生连锁故障的重要原因。我国新型电力系统建设背景下，"双高"及低惯量的特征导致大电网面临供需平衡、系统调节、稳定特性和建设成本等诸多亟待解决的现实问题，应超前谋划大规模新能源跨省区输电重大工程和送出通道建设，构建坚强网架结构，在应急保障电源建设、关键电力基础设施保护等方面给予专项支持，为支撑高质量发展新型能源体系奠定坚实基础。

# 5.7　斯里兰卡"12·9"大停电

2023 年 12 月 9 日 17 时 10 分，由于雷击导致电网主干线路故障跳闸，斯里兰卡发生全国性大面积停电事故，大停电持续超过 5h，负荷损失约 160 万 kW，直接经济损失约 60 亿卢比（折合 1.32 亿元人民币）。事故发生后，斯里兰卡锡兰电力公司指挥开展电网黑启动，并于当天 23 时恢复全国 99% 受影响地区用户供电。

## 5.7.1　电力系统概况

斯里兰卡电力系统的基本情况在 2.4.1 节已进行了介绍，以下仅对更新的数据和信息进行单独说明：截至 2022 年底，斯里兰卡全国总装机容量为 408.4 万 kW，其中火电装机容量占 44.7%、水电装机容量占 44.7%、风电装机容量占 6.2%、光伏装机容量占 3.2%、其他可再生能源装机容量占 1.2%，见表 5－9。2022 年，全年发电量 15942GWh，其中斯里兰卡电力局（CEB）发电量 12225GWh（占 76.7%），独立电力生产商发电量 3718GWh（占 23.3%），各类型发电量占比为：火电 48%、水电 34%、新能源（光伏、风电等）18%，如图 5－12 所示。

表 5－9　　斯里兰卡 2022 年各类型能源电厂数量和装机容量

| 厂商 | 发电来源 | 电厂数量 | 装机容量（万 kW） |
| --- | --- | --- | --- |
| 锡兰电力公司 | 水力 | 18 | 141.3 |
|  | 火力（石油） | 10 | 65.4 |
|  | 火力（煤炭） | 1 | 90 |
|  | 风电 | 1 | 10.4 |

| 厂商 | 发电来源 | 电厂数量 | 装机容量（万 kW） |
|------|----------|----------|-------------------|
| 独立电力生产商 | 火力（石油） | 1 | 27 |
| | 小型水电 | 211 | 41.4 |
| | 风电 | 17 | 14.8 |
| | 光伏 | 78 | 13 |
| | 其他可再生能源 | 14 | 5.1 |
| 总计 | | 351 | 408.4 |

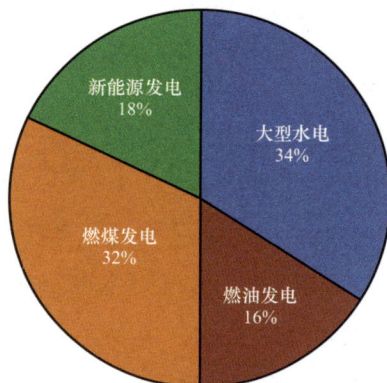

图 5-12　斯里兰卡电网 2022 年各类型电源发电量占比

## 5.7.2　事故过程

### 1. 事故前系统状态

事故前，斯里兰卡负荷需求未出现显著变化的情况，基本保持在 116.6 万～172.3 万 kW 之间。系统发电功率曲线如图 5-13 所示，主力电源为东部的水电厂和诺罗乔莱（Norochcholai）燃煤电厂（装机容量 90 万 kW，为全国最大，但当天出力只有不到 30 万 kW），潮流呈现东电西送。

120

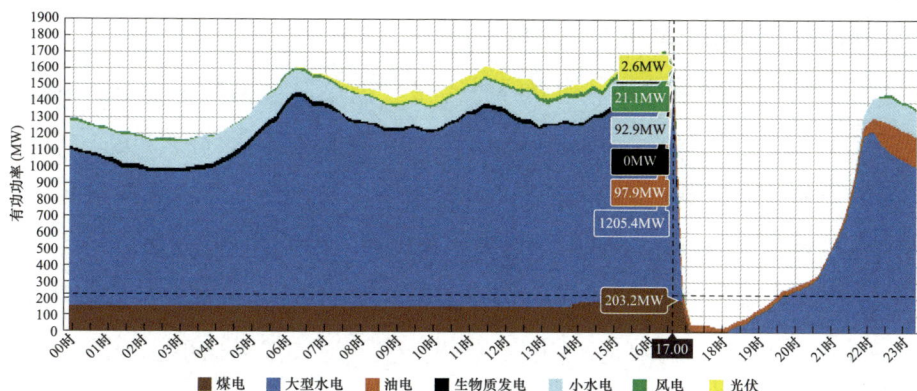

图 5-13　斯里兰卡大停电事故当天的发电功率

**2. 事故经过**

（1）2023 年 12 月 9 日 17 时 10 分，220kV 科特马尔 – 比亚加马（Kotmale-Biyagama）输电线路（位于 220kV 大环网南通道）遭受雷击而故障跳闸。

（2）220kV 科特马尔 – 比亚加马线路故障跳闸后，潮流大范围转移至大环网北通道（即科特马尔 – 新阿努拉德普勒 – 塔勒姆 – 比亚加马），并超出线路的承受极限，导致线路连锁跳闸。

（3）在上述线路跳闸后，斯里兰卡 220kV 大环网解列为东、西两部分，电网频率和电压发生剧烈波动，随后引发电源连锁跳闸，最终造成电网崩溃，系统全黑。

（4）事故发生后，锡兰电力公司指挥开展电网黑启动和分区恢复。截至当天 21 时 58 分，首都科伦坡和南方多个地区已恢复供电；截至 23 时 05 分，全国 99% 的区域已恢复正常供电。

## 5.7.3　事故原因

（1）雷击导致电网主干线路故障跳闸，电网安全风险管理不到位。该国 220kV 环网的南通道主干线路被落雷击穿而故障跳闸，导致潮流大范围转移，是此次事故的导火索。然而，线路"N-1"故障就引发连锁故障并导致电网崩溃，暴露出斯里兰卡电网安全风险管理存在重大缺失。

（2）电网主网架薄弱，电网弹性不足。斯里兰卡电网未与外部相连，长期处于孤网运行状态，全国主要依靠一条 220kV 的大环网供电，主要资源类型受季节性影响大，电源分布在东西两端，环网中一旦主要输电通道故障，容易对整个电网造成影响。斯里兰卡历史上发生的 2016 年"2·25"、2016 年"3·13"、2020 年"8·17"大停电事故均与主网架结构薄弱相关。

（3）电力公司长期亏损，电力行业投资不足。作为斯里兰卡国有企业的锡兰电力公司长期处于亏损状态，从 2010 年到 2022 年，累计亏损总额超过 4000 亿卢比（88 亿元人民币）。长期亏损导致电力基础设施建设和维护投入严重不足，老旧设备缺少维护和升级，无法适应经济社会发展对电力供应的需求，且电网安全裕度较低，电网应对风险能力薄弱。

## 5.7.4　事故启示

### 1. 持续加强电力系统安全风险管控，提升新型电力系统韧性

新型电力系统建设面临着复杂的内外部环境，对新能源装备标准化、系列化、规范化和电力系统安全风险管控提出了更高的要求。应加大应对极端电力安全风险的统筹协调和政策支持，构建适应新型电力系统的安全风险管控体系，提升风险的监测、预警和防御能力。

### 2. 重视主网架优化升级和周边国家互联建设，提升关键时刻互济能力

应深入推进国家目标网架研究，加快构建"合理分区、柔性互联、安全可控、开放互济"的坚强主网架。支持跨省跨区输电通道建设，充分发挥区域电网错峰调峰、多能互补、互为支援的综合效益。加强与周边国家电网互联，提升跨国互联电网安全可靠性。积极融入和服务高质量共建"一带一路"，积极探索与电力基础较为薄弱国家（地区）开展电力合作可能性，依托项目推动技术、装备、服务和标准"走出去"。

### 3. 加大对电力行业的持续支持和投入，确保国家能源电力安全

应充分重视电力行业的适度超前发展，合理规划和布局电力基础设施，

为保障电力可靠供应、防范大面积停电奠定基础。一是建议加大对电网主网架规划建设的支持力度，构建坚强网架结构；二是建议持续保障电力设备运维投入力度，推进电力设备超期服役改造，做好电网一、二次设备的全生命周期管理；三是建议加强电力设施开发建设配套政策指引，保障电力建设站址用地、通道线行、综合管廊等重要资源。

# 第 6 章

## 大停电事故总结及有关建议

# 6.1　大停电事故典型原因分析

为便于区分事故中的显性因素和长期积累的潜在因素，并提供不同层次的应对措施建议，本书将大停电事故的原因归纳为直接原因和深层次原因两类。直接原因指的是引发大停电的具体事件或风险因素，如设备故障、操作失误、恶劣天气等。这类原因的特点是具有物理性特征，引发事故的时间节点非常明确，往往伴随着明显的事故征兆，如系统过载、供电设备异常等，在发生后能够通过技术手段较为迅速地检测、定位并分析。深层次原因指的是引发直接原因背后的系统性、根源性或长期存在的问题，如投资不足、管理不当等。这类原因的特点是通常较为隐蔽，需要综合分析整个系统的长期运行状态，且往往需要通过结构性改革、管理优化、长期投资等手段来解决。

## 6.1.1　直接原因

大停电事故的直接原因可分为内部故障因素和外部诱发因素，其中，内部故障因素指电力系统内部因设计、运行、维护不当导致事故发生的因素，具体包括电源结构不合理；网架结构薄弱；系统运行方式不合理，安全稳定防线失效；源网协调不当；应对"双高"电力系统能力不足等。外部诱发因素指与电力系统运行控制无关、难以准确预测的事件，具体包括人为误操作、误碰；极端天气或自然灾害影响；网络攻击；外部物理破坏等。

（1）电源结构不合理。体现在电源类型、装机容量和地理分布等方面。一是在电源类型方面，部分国家过度依赖某一类型的电源（如火电、水电或光伏、风电等新能源），电网的灵活性和供电可靠性将面临严重挑战。例如，在北欧"4·26"大停电事故中，瑞典核电占比较高，导致事故过程中调节能力缺失，短时间内没有其他电源可以进行支援。二是在电源装机容量方面，部分国家的单一电源装机容量过大，若其发生故障则会对系统运行造成较大的冲击。例如，在委内瑞拉"3·7"大停电事故中，古里水电站承担了该国近四成的电力供应，该水电站的故障直接引发了大面积的电力缺口。三是在电源地理分布方面，密集分布的电源容易受到共模故障因素影响而同时退出运行。例如，在古巴"9·27"大停电事故中，首都哈瓦那周边聚集了多个热电厂，这些集中分布的热电厂被飓风灾害"一锅端"，导致灾后恢复难度大，停电时间长。

（2）网架结构薄弱。体现在三方面：一是负荷中心供电严重依赖个别输电通道和枢纽变电站，输电距离长、容量大，一旦发生故障将引发潮流大范围转移，系统稳定问题突出。例如，在阿根廷"3·1"大停电事故中，东北部水电富集区向南部负荷中心送电线路仅有两条，其中一条于事故前已处于检修状态，剩余一条线路的故障直接导致了北电南送通道的中断，电网发生解列，功率失衡引发频率大幅波动。二是输电通道采用长链式和单环等低可靠性结构，供电可靠性较低。例如，在巴基斯坦"1·23"大停电事故中，电网南北交流联络通道呈薄弱的长链式结构（仅有拉合尔–马蒂亚里一条主要输电线路），一旦主要输电通道发生故障，没有任何其他输电系统可以进行支援。三是电网间联络通道容量不足，缺乏区域间互济能力。例如，在2021年2月得州电力危机中，得州电网作为一个相对孤立的电网，事故期间仅从墨西哥电网获得了45万kW的电力支援，远远无法弥补超过1000万kW的电力缺口。

（3）系统运行方式不合理，安全稳定防线失效。体现在两方面：一是正常运行方式下的"$N-1$"校核存在缺失，在某个关键设备或重要输电线路退出运行后，导致其他设备和线路过载，故障跳闸后引发连锁反应。例如，在欧洲大陆"1·8"同步电网解列事故中，欧洲电网尽管执行了"$N-1$"校核标准，但计算边界与实际情况偏差较大导致校核结果不正确，关键站点的设计、调度机构安全稳定计算校核方式未考虑到关键站点的特殊性和潮流转移的风险，断面约束计算也未考虑到母联开关过载的风险。二是特殊运行方式下的系统失稳风险未得到足够重视，如果检修、故障状态下的运行方式没有及时得到调整，将导致安稳控制策略、参数与当前运行方式失配，若再发生故障容易引发系统失稳。例如，在阿根廷—乌拉圭"6·16"大停电事故中，检修期间北电南送输电线路被改接，而稳控系统策略未及时更新，导致输电线路故障后稳控系统拒动无法有效切除发电机组，最终引发系统失稳崩溃。

（4）源网协调不当。源网协调指的是电力系统中电源侧和电网侧之间的协同控制和优化运行，若重要电源的涉网保护、一次和二次调频装置、自动发电控制装置的技术性能不达标，将使得局部电力故障影响范围扩大，引发系统安全稳定问题。例如，在巴基斯坦"1·9"大停电事故中，处在枢纽位置的古杜电厂在保护及开关等关键设备运维方面存在重大缺失，电网侧控制措施与电源侧涉网保护缺乏协调配合，导致南北电网解列后其他大容量电厂因保护动作而相继跳闸，且未能通过低频减载维持系统稳定。

（5）"双高"电力系统特性复杂问题。随着新型电力系统加快建设，新能源大规模并网，高渗透率运行逐渐成为常态。新能源气象驱动特征明显，日内波动导致新能源主导断面频繁越限，同时系统日最大峰谷差持续拉大，局部调节能力不足的问题已显现；系统频率和电压支撑能力降低，抗扰动能力明显弱化，维持安全稳定的物理基础被削弱；电力系统由同步发电机为主导的机械电磁系统，向由电力电子设备控制特性主导的系统转变，宽频稳定问题突出，并且系统谐波含量增加，威胁设备和电网安全。例如，巴西"8·15"大停电事故起源于巴西东北部，东北部属于新能源富集区，低电压穿越能力、电压支撑能力、转动惯量等不足，且大量风电光伏机组暂态仿真系统参数配置与实际运行情况不符，导致系统安全裕度不足，发生"$N-1$"故障后失去稳定。

（6）人为误操作、误碰。人为原因引发的大停电事故具有明显的突发性和不确定性，事故前缺少征兆且易造成电气设备严重损坏。造成人为误操作、误碰的原因主要包括两类，一是运行人员由于技术不精、业务不熟、责任心不强等因素导致的违规误操作。二是建筑施工或供水、供气等基础设施修建过程中对电力设备的误碰损坏。除了暴露在外的架空线路在施工过程中容易被破坏以外，埋在地下的电缆由于很难被察觉，也极易遭到破坏。例如，斯里兰卡"12·9"大停电、北欧"4·26"大停电就与人为误操作有关。

（7）极端天气或自然灾害影响。近年来，全球范围内极端天气及自然灾害频发，也引发了一系列大停电事故，带来巨大的经济损失和严重的社会影响。一方面，极端天气容易导致电力负荷激增，同时影响电源供应，供需严重失衡是造成大停电的关键因素。例如，在美国加州"8·14"大停电事故中，加州电源充裕度主要参考两年一遇高温天气的高峰负荷，并考虑15%裕度的原则进行安排，但对于极端情况下超出预期的高峰负荷无法做出有效应对，导致电力供需失衡。另一方面，极端自然灾害超过设防标准将造成发电设备、电力线路、用电设备等设施停运或损毁，造成供电能力大幅下降，甚至直接导致大面积停电。例如，古巴"9·27"大停电事故中，飓风直接破坏了古巴西部电网与中东部电网之间的输电线路，功率失衡引发频率失稳，最终引发全国性大停电事故。

（8）网络攻击。电力系统作为典型的物理信息融合系统，其运作依赖于物理层与信息层的结合，物理设备（如发电机、变压器、输电线路）和信息通信技术联系紧密，基本实现了能源流、业务流、数据流的多流融合，开放程度不断提升。然而，数字化、信息化、智能化在给电力系统带来便利的同时，也导致了电力监控系统更加复杂，脆弱性增加。网络攻击者通过入侵电力监控系统，可以远程控制或瘫痪关键设备，如断路器、变压器等，导致电网局部甚至大范围停电。例如，在委内瑞拉"3·7"大停电事故中，该国发电量最高的古里水电站自动控制系统疑似遭受网络攻击而停机，造成了全国性大规模停电事件。

（9）外部物理破坏使得电力系统极限生存能力面临挑战。外部物理破坏是导致电网大停电的一种极端情况，其特点是由于电网外部的物理事件，如蓄意破坏或危险品爆炸，直接对电网的物理基础设施造成破坏。以近年来频发的区域冲突来看，电力设施是重要的打击目标，这类打击通常导致电网的关键设施损坏，如变电站、输电线路、发电设施、调度中心等，从而引发连锁反应，造成电网的局部或全面瘫痪。因此，外部物理破坏不仅对电网的物理完整性构成威胁，也对电网的运行稳定性和应急响应能力提出了挑战。例如，在黎巴嫩"8·4"停电事故中，2750t 硝酸铵被引燃发生爆炸，导致黎巴嫩电网总部及调度大楼受到严重损毁，电力调度被迫采用盲调的方式。

## 6.1.2 深层次原因

大停电事故的深层次原因往往与电网管理、投资等相关，具体分析如下。

（1）电网规划及运行管理机制不够健全。以美国和英国为代表的国家在电力行业中推行了私有化和市场化改革，输配电网间管理机制松散，配电网与上级输电网的规划、运行标准不配套。同时部分国家将调度职能从电网公司中分离，虽然在一定程度上能够避免利益分配公平性问题，但也造成了调度机构与电网公司协调难度加大。以欧洲大陆同步电网为代表，欧洲各国调度机构之间是工作协调关系而无上下指挥关系，缺乏统一调度，信息共享及决策响应速度不足。

（2）电力投资不足，无法满足日益增长的电力需求。国外部分电力公司私有化运营，其运营主要目标是"盈利最大化、成本最小化"而非"供电可靠性最大化"，缺乏对老旧电力设施进行维护、检修与升级的动力。同时，由于电价水平较低、输配电环节费用受到严格监管等原因，部分国家电网公司盈利水平不足，投资能力受到严重限制，无法根据发电容量与负荷需求的变化，有效地对输电线路进行增容扩建，导致安全支撑能力降低。例如，巴基斯坦由于常年缺电，电力投资重点主要是电源建设和发电，电网安全运行、设备更新运维等方面投入不足，近十年已发生 4 次大面积停电事故；此外，近年来委内瑞拉、阿根廷、斯里兰卡等国家也接连发生大面积停电，其中对电力行业投入不足是导致电网安全基础薄弱、发生大面积停电的重要原因。

# 6.2  大停电总体发展趋势

通过对 2019—2023 年大停电事故的分析，可以发现近年来大停电事故具有以下趋势：

（1）大停电事故呈现频发、多发趋势。一方面，发展中国家电力基础设施建设相对滞后，电力供应能力相对不足，电力管理和技术水平相对落后，在设备故障、操作失误、恶劣天气等诱因作用下发生全国性停电风险普遍较高。从 2019 年至 2023 年的数据分析可见，中小型国家的大停电事件呈现增多的趋势。例如，2019 年和 2020 年委内瑞拉连续发生了六起影响全国的大规模停电，其原因大多与资金和技术限制、政治经济环境不稳定有关。另一方面，部分发达国家基础设施陈旧，电力私营化普遍，电力运营商高度分散，区域性停电也时有发生，且影响重大。例如，美国电力企业有 3000 多家，但联邦层面缺乏一体化实时调度组织，难以进行更大范围资源调配。同时，美国 70% 的输电线路和电力变压器运行年限在 25 年以上，60% 的断路器运行年限超过 30 年，使其近年来也因极端寒潮、飓风等原因频频发生区域性停电。

（2）极端灾害、网络攻击、物理破坏等极端情形逐渐成为近年来大停电事故的重要原因。一方面，气候变化加剧了极端灾害事件的频发，例如飓风、暴雨、极端高温和寒潮，这些极端灾害不仅可能导致电力负荷激增，还直接损害发电设施和输电线路，影响电力系统的稳定运行。例如，2020 年美国加州大停电主要是由于极端高温引发的空调负荷激增，而 2021 年美国得州的大停电与极端寒潮紧密相关。另一方面，地缘冲突也是引发大停电的重要因素。委内瑞拉的政治和经济危机导致了电力基础设施的疏于维护，加之政府资源有限，难以有效应对网络安全威胁，大规模停电时有发生。

（3）随着电力系统互联规模逐步增大，局部单一故障更容易演变为大规模停电事故。在规模庞大、互联度高的电力系统中，一旦某个关键节点或设备出现故障，极易触发其他设备的保护机制，引发连锁反应。此外，电力系统互联规模的增加虽然提升了供电的灵活性，但也无形中增加了故障传播的风险，扩大了停电故障的影响范围。例如，2019 年阿根廷的大停电事故起因仅是 500kV 线路出现故障，该故障先后导致南送输电通道中断、潮流转移和频率稳定问题等，最终引发了大停电事故。

（4）"双高"电力系统特性复杂，停电故障类型趋向于多样化、非预期化。高比例可再生能源的接入和高比例电力电子器件的应用使得电力系统的运行机制和系统特性变得更加复杂和非线性。一方面，可再生能源的波动性和不确定性使得电力系统面临潮流双向化、电力电量平衡概率化等新问题；另一方面，电力电子器件如变频器和逆变器在改善能源效率和支持可再生能源并网中扮演关键角色，但同时也引入了新的挑战，如电网频率和电压的稳定性问题。在这种背景下，故障类型不再局限于传统的过载或设备故障，而是包括了由可再生能源广泛接入和电力电子设备引起的复杂相互作用和非预期动作。例如，在英国 2019 年"8·9"大停电事故中，风电场的调节能力、抗扰动能力等涉网性能存在不足，在闪电击中输电线路后产生振荡，触发保护动作而导致整个风电场脱网。

# 6.3 有 关 建 议

随着我国加快新型能源体系和新型电力系统建设，新能源渗透率不断提升，电网规模持续扩大、结构愈加复杂，系统特性逐渐改变且日趋复杂，各种可以预料和难以预料的风险挑战明显增多，传统与非传统风险交织，增量与存量风险并存，大面积停电风险在当前和今后一段时期将长期存在。为提高我国电网抵御重大事故风险的能力、保障电力系统安全稳定运行，本章根据 2019—2023 年国际大规模停电事故中暴露出的问题、总结的经验教训，分别从行业管理部门、能源电力企业和重要用户的角度提出相关建议如下：

### 1. 行业管理部门

（1）汲取国外大停电事故经验，从国家安全战略高度重视电力安全。坚持以习近平新时代中国特色社会主义思想为指导，深入贯彻习近平总书记关于国家能源安全、底线思维方面的重要论述和指示批示精神，深刻汲取近年来国外大停电事故教训，牢固树立安全发展理念，坚守安全底线，不断推进本质安全电网建设。

（2）坚持守正，推动国有企业进一步突出安全支撑作用。吸取国际大停电事故中私有化电力公司的经验教训，居安思危，在任何时候都必须坚持党管国企，坚守独立自主的底线，建议在推动国有资本和国有企业坚定不移做强做优做大的过程中，引导其向关系国家安全、国民经济命脉的重要领域聚焦，积极推进国家重大战略任务，增强支撑托底能力。

（3）坚持电网统筹规划、调度、管理"一盘棋"体制优势。长期以来，我国坚持"统一规划、统一调度、统一管理"的发展模式，确保了电力资源的高效配置与跨区域协调，避免了因分散调度带来的资源浪费与安全隐患，极大发挥了电网的规模效应和协同效益，在应对用电需求快速增长等挑战、保持电力系统安全稳定中起到了决定性作用。建议持续统筹优化业务布局，坚持全国"一盘棋"和整体利益最大化原则，支持跨省跨区输电通道建设，优化完善电源布局和网架结构，充分发挥区域电网错峰调峰、多能互补、互为支援的综合效益，提升电力系统接入和消纳新能源的能力。

（4）强化政企联动，充分发挥统筹协调的功能。我国电网覆盖面积广，连接设备多，当前中国城市化建设和电网建设都处于快速推进期，大量基础设施的规划建设尚未形成统筹协调的机制。建议一方面组织制定电力基础设施建设和维护的相关标准，确保电网建设与城市化进程相协调；另一方面，在进行城市规划时与企业紧密协同，积极统筹电力、燃气、建设施工等多个领域以实现资源的优化配置。同时，组织各单位、各企业制定详细的电网事故应急预案，确保在发生停电事故时能够迅速响应。

### 2. 能源电力企业

（1）持续加大主网架优化升级力度，大力推进现代化电网建设。深入推进国家西电东送战略，系统研究跨区域送电规划，巩固西电东送、拓展北电南送，构建能源优化配置新格局。协同各方力量做好密集输电通道风险管控，提升跨区送电通道安全可靠水平。推动跨省跨区输电通道建设，优化完善电源布局和网架结构，充分发挥区域电网错峰调峰、多能互补、互为支援的综合效益，建设安全保供重点工程，提升电力系统弹性，保障大电网安全稳定运行。

（2）重视新能源安全稳步发展，加强支撑新型电力系统构建的关键技术攻关。相比于火电、核电、天然气等常规电源，风电、光伏等新能源低惯量、低阻尼、弱支撑、低抗扰性、故障形态复杂等特征明显，出现故障后连锁反应特性更加复杂。随着我国新型电力系统加快建设，新能源并网比例不断攀升，维持系统安全稳定的物理基础被削弱。建议积极争取新型电力系统领域重大科技专项、重点研发计划专项支持，加快推进新型电力系统基础理论、关键技术、重大装备攻关及创新成果示范应用，为安全可靠运行新型电力系统奠定基础。

（3）增强电网应急响应能力。积极制定极端场景下应急预案，充分考虑各种极端场景，加强融冰技术、抗震设备等先进技术的部署应用。加强电网与应急管理、气象、交通等部门在灾害预警信息、影响程度预测等方面的协同互动，提高电网灾害预判和应急处置能力。

（4）大力提升事故后恢复能力。一方面要开展新形势下黑启动和系统恢复专题研究，研究现有黑启动和系统恢复方案的适应性，进一步优化黑启动电源布局，及时滚动优化系统恢复预案，探索新能源、直流、储能等参与的系统恢复新技术应用，加快制订、修订相关技术标准。另一方面，要加强黑启动和系统恢复管理工作，将恢复控制纳入以"三道防线"为核心的大电网安全防御体系，加强系统恢复方案分析校核，常态化开展机组黑启动试验，适时组织大停电实战演练，保障极端情况下电力快速恢复。

（5）持续加强网源协调管理。随着近年来新能源接入比例不断攀升导致系统安全风险日益增加，需要按照《电力系统安全稳定导则》和相关风电、光伏等新能源最新并网标准，切实提升集中式和分布式新能源的调节、支撑及耐受能力，在保障系统安全的前提下提升新能源消纳能力；同时，深化常规电源涉网性能管理，在深度调峰等特殊工况下，确保常规电源涉网性能仍满足各项技术要求，并加强试验验证，决不放松对常规电源的并网管理。

（6）建设适应新型电力系统的安全防线，保障大电网安全稳定运行。多次大停电事故的经验教训表明了第一道防线快速切除故障，第二道和第三道防线保证系统稳定、防止系统崩溃的极端重要性。建议深入开展高比例新能源系统稳定特性研究，巩固和完善电力系统安全防御"三道防线"，优化新能源相关网源协调控制策略，加强电力系统故障主动防御能力，构建适用于新型电力系统的安全稳定控制系统和第三道防线，加强运行管理和设备维护，确保安全防线正确可靠发挥作用。

（7）加快打造坚强局部电网，提高极端环境下电力系统韧性。深入推进新型电力系统目标网架研究，加快构建"合理分区、柔性互联、安全可控、开放互济"的坚强局部电网，从"源、网、荷"三方面协同发力：一要优化极端环境下抗灾保障电源布局，积极推动具有孤岛或黑启动运行能力的抗灾保障电源规划建设；二要着力开展极端环境下快速复电联络通道、抗灾保障电源主要送出通道建设；三要加强负荷中心替代电源建设，提高重要城市尤其是中心区域和重要用户的抗打击能力。

（8）加快打造数字电网关键载体，提高能源安全保障能力。持续深化以数字化、绿色化协同发展促进新型电力系统和新型能源体系建设。一要强化数字电网顶层设计，注重数字电网标准化建设。在智能感知数字发电、安全可靠数字输电、智能高效数字变电、灵活可靠数字配电、开放互动数字用电等多领域上健全数字电网规划建设技术标准，增量电网全面应用数字化标准。二要大力发展与数字电网目标相适应、与新型电力系统建设相协同的算力基础设施。积极融入国家"东数西算"战略布局，持续完善云管边端一体化数字基础设施，全面推动算力和电力在技术、机制和平台等多方面的深度融合。三要全力推进新型电力系统的数字化应用。建立发挥数据要素作用的体制机制，以数据要素的合规高效流动促进内外资源有效聚合、资源优化配置和业务高效协同互动。

### 3. 重要用户

（1）加强自保能力建设，提高电力自保自给能力。很多大停电事件发生国家和地区的重要电力用户缺乏自保能力，在失去电网供电的情况下，无法保障供水、供气、通信、交通、医疗等重要负荷不间断供电。因此，重要用户要加强自保能力建设，根据有关规定配置供电电源和自备应急电源，完善非电保安等各种保障措施，并定期检查维护，做好自备应急电源配备和安全使用管理工作，确保相关设施设备的可靠性和有效性，提高电力自保自给能力。

（2）强化应急管理，保障物资储备。加强应急体系建设，提升极端灾害预警能力，提升应急管理能力，编制程序化、规范化的应急处理预案，提前做好极端事件下的物资储备和人员动员，增强电网突发事件应急处置能力。同时，重要电力用户要建立本单位与电力、供油等企业的联动应急机制，当自备应急电源发生设备故障或燃料供应不足时，应及时向相关电力、供油企业申请支援。

（3）建立安全隐患排查机制，定期对供电安全隐患进行整改。重要用户应联合电网公司生产部门、调度部门建立重要电力用户电网侧安全隐患排查机制，定期对供电情况进行排查，对发现的安全隐患进行整改。同时，重要电力用户应编制反事故预案，定期开展电网和重要用户端的联合演练，并组织演练评估。

# 参 考 文 献

[1] 李豪男. 新时代我国网络意识形态风险防范与实践逻辑［J］. 哲学进展，2020，9（4）：190－196.

[2] 王其然，茆安南. 400V 低压配网供电可靠性影响因素及对策分析［J］. 光源与照明，2024，4：246－248.

[3] 滕苏郇，宫一玉，张璞，等. 国外典型大停电事故分析及对北京电网启示［J］. 电气应用，2015，34（S1）：490－493.

[4] 徐遐龄，林涛，徐颢霖. 近年来国内外大停电原因分析及启示［J］. 湖北电力，2013，37（02）：45－47.

[5] 辛阔，吴小辰，和识之. 电网大停电回顾及其警示与对策探讨［J］. 南方电网技术，2013，7（01）：32－38.

[6] 刘自发，张在宝，杨滨，等. 电网大停电社会综合损失评估［J］. 电网技术，2017，41（09）：2928－2940.

[7] 雷傲宇，周剑，梅勇，等. "3·3" 中国台湾电网大停电事故分析及启示［J］. 南方电网技术，2022，16（9）：90－97.

[8] 李明明，孙磊，马英浩. 大停电事故后计及信息系统故障的机组启动次序优化策略［J］. 中国电力，2022，55（9）：146－155.

[9] 范帅，危怡涵，何光宇，等. 面向新型电力系统的需求响应机制探讨［J］. 电力系统自动化，2022，46（7）：1－12.

[10] 陈武晖，陈文淦，薛安成. 面向协同信息攻击的物理电力系统安全风险评估与防御资源分配［J］. 电网技术，2019，43（7）：2353－2360.

[11] 张智刚，康重庆. 碳中和目标下构建新型电力系统的挑战与展望［J］. 中国电机工程学报，2022，42（8）：2806－2819.

[12] 王健，丁屹峰，宋方方. 2011 年国外大停电事故对我国电网的启示［J］. 现代电力，2012，5：1－5.

[13] 蔡逸超，杜欣慧，王质素，等. 风电高渗透率电网的经济优化调度 [J]. 电力电容器与无功补偿，2020，41（6）：156 – 161.

[14] 王冠军，戴向前. 统筹发展和安全 筑牢水利高质量发展的工程安全根基 [J]. 水利发展研究，2021，21（9）：25 – 27.

[15] 李莹，富亚洲，王官宏，等. 电力系统超低频频率振荡分析及扰动源定位 [J]. 电网技术，2023，47（5）：1770 – 1780.

[16] 胡源，薛松，张寒，等. 近 30 年全球大停电事故发生的深层次原因分析及启示 [J]. 中国电力，2021，54（10）：204 – 210.

[17] 韩英铎，姜齐荣，谢小荣，等. 从美加大停电事故看我国电网安全稳定对策的研究 [J]. 电力设备，2004，5（3）：8 – 12.

[18] 刘迎. 委内瑞拉大规模停电事件对我国工业信息安全发展的启示 [J]. 保密科学技术，2019，（3）：25 – 28.

[19] 南方电网技术情报中心. "3·7" 委内瑞拉大停电事件快报 [EB/OL]. (2019 – 03 – 12) [2024 – 12 – 20]. https://www.secrss.com/articles/9120.

[20] 龚郗安. 关于委内瑞拉大停电事故的情况分析和关键基础设施的安全防护建议 [J]. 信息技术与网络安全，2019，38（4）：1 – 2.

[21] 吴双，彭之辰. 水电站大坝网络安全与应对措施 [J]. 大坝与安全，2020，6：9 – 11.

[22] 袁靖，陈鸿飞，陈冰倩. 大规模风电并网对电网稳定性的影响研究 [J]. 中文科技期刊数据库（全文版）工程技术，2023，3：41 – 44.

[23] 房岭峰，黄丽，赵琪，等. 从委内瑞拉大停电看特大型城市电网安全问题 [J]. 电力与能源，2019，40（6）：674 – 677.

[24] 郭健. 考虑无功功率协调控制的优化低频减载 [J]. 四川电力技术，2015，1：51 – 54，70.

[25] 朱朝阳. 委内瑞拉大停电事故的背后 [J]. 国家电网，2019，5：72 – 74.

[26] 龚国军. "电力战争" 的安全启示 [J]. 中国电力企业管理（下），2019，5.

[27] 王海峰，李朝阳，吕政权，等. 泛在电力物联网环境下网络安全攻击研究 [J]. 浙江电力，2019，38（12）：76 – 81.

[28] 杨鹏，刘锋，姜齐荣，等. "双高" 电力系统大扰动稳定性：问题、挑战与展望

［J］. 清华大学学报（自然科学版），2021，61（5）：403－414.

［29］ 林伟芳，易俊，郭强，等. 阿根廷"6·16"大停电事故分析及对中国电网的启示 ［J］. 中国电机工程学报，2020，40（9）：2835－2842.

［30］ 李轻言，林涛，杜蕙，等. 面向直流受端新型电力系统暂态电压稳定的紧急控制 策略［J］. 电力自动化设备，2024，44（3）：195－202.

［31］ 刘芮言，东晓. 跨国大停电下的国家安全危机与对策研究［J］. 中国电力企业管 理（上），2019，5：72－74.

［32］ 李丽旻. 南美"大停电"引发电网安全大讨论［N］. 中国能源报，2019.5.

［33］ 沈安. 2019年阿根廷大停电的前因后果［EB/OL］.（2020－02－16）［2024－12－20］. https：//igs. shu. edu. cn/info/1013/2613. htm.

［34］ 李明节. 大规模特高压交直流混联电网特性分析与运行控制［J］. 电网技术，2016， 40（4）：985－991.

［35］ 杨滢，叶琳，倪秋龙. 基于PSS/E的浙江电网静态电压稳定性分析［J］. 浙江电 力，2009，6：9－11，37.

［36］ 张建新，常东旭，邱建，等. 适应新型电力系统的安全稳定控制系统及装置设计 方法［J］. 电网与清洁能源，2023，39（12）：10－191.

［37］ 赵燕，张文朝，李轶群，等. 电力系统通用安控策略整定方法的研究［J］. 电力 系统保护与控制，2015，43（4）：102－107.

［38］ 陈国平，李明节，许涛，等. 我国电网支撑可再生能源发展的实践与挑战［J］. 电 网技术，2017，41（10）：3095－3103.

［39］ 倪宇凡，郑漳华，冯利民，等. 近年来国外严重停电事故对我国构建新型电力系 统的启示［J］. 电器与能效管理技术，2023，5：1－8.

［40］ 周泰源. 高压电网继电保护及安全自动装置的可靠性研究［J］. 通信电源技术， 2019，36（10）：59－60.

［41］ 何志会. 35kV变压器故障导致停电原因分析［J］. 电工技术，2019，21：100－102.

［42］ 李挺. 220kV变电站继电保护改造中存在的问题及解决措施［J］. 通信电源技术， 2019，36（10）：251－252.

［43］ 樊陈，姚建国，张琦兵，等. 英国"8·9"大停电事故振荡事件分析及思考［J］.

电力工程技术，2020，39（4）：34 – 41.

[44] 滕苏郸，宫一玉，张璞，等. 2019 年 8 月 9 日英国大停电事故分析及对北京电网安全稳定运行的启示 [J]. 电力勘测设计，2020，2：5 – 8.

[45] 孙华东，许涛，郭强，等. 英国"8·9"大停电事故分析及对中国电网的启示 [J]. 中国电机工程学报，2019，39（21）：6183 – 6192.

[46] 典焱. 英国大停电事故分析：新能源大量替代传统火电将导致系统惯量水平下降 [J]. 电力设备管理，2019，9：98.

[47] 刘伟. 电网严重故障下的电压稳定应对措施分析 [J]. 电力系统保护与控制，2020，48（16）：163 – 170.

[48] 方勇杰. 英国"8·9"停电事故对频率稳定控制技术的启示 [J]. 电力系统自动化，2019，43（24）：1 – 5.

[49] 沈政委，孙华东，汤涌，等. 传统交流电网与高比例新能源电网连锁故障差异性分析 [J]. 电网技术，2021，45（12）：4641 – 4649.

[50] 颜湘武，常文斐，崔森，等. 基于线性自抗扰控制的静止无功补偿器抑制弱交流风电系统次同步振荡策略 [J]. 电工技术学报，2022，37（11）：2825 – 2836.

[51] 唐云泽，苏晓茜. 电力系统网络攻击方法研究综述 [J]. 中国信息化，2020，12：57 – 60.

[52] 阚陟博，彭显刚. 广域智能控制保护关键技术研究 [J]. 电工电气，2020，9：72 – 76.

[53] 杨洲. 针对网络攻击的配电网信息物理系统（CPS）安全性分析与评估方法 [D]. 南京，南京邮电大学，2020.

[54] 王宇. 电网信息物理系统网络攻击溯源方法研究 [D]. 武汉，武汉大学，2020.

[55] 米建华. 从美国近期大停电事故的共因看当前电力安全供应问题 [J]. 中国电力企业管理（上），2021，3：42 – 46.

[56] 刘瑞环，陈晨，刘菲，等. 极端自然灾害下考虑信息 – 物理耦合的电力系统弹性提升策略：技术分析与研究展望 [J]. 电机与控制学报，2022，26（1）：9 – 23.

[57] 王则凯，丁涛，李立，等. 美国加州地区提高山火灾害下电网弹性的公共安全停电政策和措施 [J]. 电力自动化设备，2022，42（3）：36 – 44.

[58] 赵希正. 强化电网安全 保障可靠供电——美加"8·14"停电事件给我们的启示

[J]. 电网技术, 2003, 10: 1-7.

[59] 李均强, 刘靖峰. 加州电力危机、欧美大停电分析及对我国的启示 [J]. 中国电力教育, 2009, 16: 265-266.

[60] 岳昊. 从美国近期大停电事故的共因看当前电力安全供应问题 [J]. 中国电力企业管理 (上), 2021, 3: 42-46.

[61] 熊华文. 把握能源发展安全和效率的平衡——美国德州、加州两次大停电事故分析及对我国的启示和建议 [J]. 中国经贸导刊, 2021, 19: 37-39.

[62] 赵静波, 张思聪, 廖诗武. 美国加州 2020 年 8 月中旬停电事故分析及思考 [J]. 电力工程技术, 2020, 39 (6): 52-57.

[63] 韩刚, 马攀, 何恒, 等. 加州 2020 年停电事故分析及其对浙江省电力安全的启示 [J]. 中国工程咨询, 2021, 5: 71-76.

[64] 薛禹胜. 综合防御由偶然故障演化为电力灾难——北美 "8·14" 大停电的警示 [J]. 电力系统自动化, 2003, 18: 1-6.

[65] 何剑, 屠竞哲, 孙为民, 等. 美国加州 "8·14" "8·15" 停电事件初步分析及启示 [J]. 电网技术, 2020, 44 (12): 4471-4478.

[66] 吴添荣. 优化管理体制是防范大停电事故之本 [J]. 中国电力企业管理, 2012, 9: 23-25.

[67] 胡秦然, 丁昊晖, 陈心宜, 等. 美国加州 2020 年轮流停电事故分析及其对中国电网的启示 [J]. 电力系统自动化, 2020, 44 (24): 11-18.

[68] 张奋来. 缅甸薄弱电网背景下燃机项目黑启动电源配置方案分析 [J]. 科学技术创新, 2023, 22.

[69] 陈福锋, 杨黎明, 宋国兵, 等. 主动探测式保护关键技术概述及展望 [J]. 电力系统保护与控制, 2023, 51 (15): 175-186.

[70] 蒋陈忠. 10kV 配电网不停电作业技术的应用 [J]. 集成电路应用, 2020, 37 (10): 32-33.

[71] 雪晓菲, 厉虹, 吕志鹏. 具有阻尼和惯性的电流下垂控制研究 [J]. 电力系统保护与控制, 2018, 46 (24): 54-61.

[72] 焦阳, 宋克东, 周鹏, 等. 一种利用旁路架空线减少配网检修停电范围的方法 [J].

科学技术创新，2020，33：161－162.

[73] 施皓天，吴健，袁丽娜. 10kV 架空电网不停电作业的要点分析 [J]. 集成电路应用，2020，37（10）：118－119.

[74] 刘辉，江千军，桂前进，等. 考虑供需综合因素的电网检修计划最优决策模型 [J]. 中国电力，2021，54（6）：159－167.

[75] 孙传文. "12·28" 墨西哥大停电事故的分析及其对我国电网运行的启示及建议 [J]. 电气时代，2021，9：44－46.

[76] 周志宇. 山火灾害下电网输电线路跳闸风险评估研究 [D]. 北京，华北电力大学（北京），2019.

[77] 伍泓乐. 电网山火灾害综合风险性研究 [D]. 广州，广东工业大学，2020.

[78] 孙为民，张一驰，张晓涵，等. 欧洲大陆同步电网 "1·8" 解列事故分析及启示 [J]. 电网技术，2021，45（7）：2630－2637.

[79] 孙蔚，申洪，侯金鸣，等. 欧洲能源电力发展路线研究 [J]. 发电技术，2021，42（1）：94－102.

[80] 何云，周媚. 英国、委内瑞拉大停电事故分析及思考 [J]. 电力系统装备，2019，21：47－48.

[81] 李竹，庞博，李国栋，等. 欧洲统一电力市场建设及对中国电力市场模式的启示 [J]. 电力系统自动化，2017，41（24）：2－9.

[82] 李丽旻. 欧洲供电正在接受严峻考验 [N]. 中国能源报，2022－12－19（5）.

[83] 郑漳华. 欧洲同步电网：国家间的能源互动 [J]. 国家电网，2015，12：40－41.

[84] 葛睿，董昱，吕跃春. 欧洲 "11·4" 大停电事故分析及对我国电网运行工作的启示 [J]. 电网技术，2007，3：1－6.

[85] 胡杰，那广宇，郭旭，等. "双碳" 目标下东北地区新型电力系统发展研究 [J]. 东北电力技术，2023，44（3）：6－11.

[86] 李琳，冀鲁豫，张一驰，等. 巴基斯坦 "1·9" 大停电事故初步分析及启示 [J]. 电网技术，2022，46（2）：655－663.

[87] 王昱婷，郑馨怡，马斌. 110kV 断路器控制回路存在问题分析及改造 [J]. 电气应用，2021，40（11）：50－55.

[88] 何智超. 巴基斯坦电力市场现状及发展的研究[J]. 中国市场, 2019, 15: 133-134.

[89] 李政麒, 蔡晔, 曹一家, 等. 美国得州"2·15"停电事故分析及对中国新型电力系统供电充裕度的启示[J]. 电力科学与技术学报, 2022, 37 (5): 17-24.

[90] 岳昊, 郑雅楠. "得州与我国南方部分省份限电事件"对比分析与启示建议[J]. 中国能源, 2021, 43 (5): 22-28.

[91] 龚国军. 得州电荒是最好的"教科书"[J]. 中国电力企业管理, 2021, 6: 1.

[92] 陈皓勇. 危机背后的电力市场设计困局[J]. 能源, 2021, 3: 22-25.

[93] 杜洋, 刘家好, 郭灵瑜, 等. 极端事件下电力-天然气耦合系统故障连锁传播仿真分析[J]. 电力建设, 2024, 45 (5): 1-8.

[94] 廖宇. 得州停电事件给电力行业敲响了怎样的警钟?[J]. 中国电力企业管理 (上), 2021, 2: 85-86.

[95] 冷喜武. 得州停电对我国电力系统改革发展的启示[J]. 能源, 2021, 3: 11-15.

[96] 范旭强, 吴谋远, 陈嘉茹, 等. 美国得州停电事件对我国能源安全的启示[J]. 国际石油经济, 2021, 29 (3): 15-20.

[97] 刘泽扬, 荆朝霞. 美国得州"2·15停电"初步分析及其对我国电力市场建设的启示[J]. 发电技术, 2021, 42 (1): 131-139.

[98] 侯验秋, 丁一, 包铭磊, 等. 电-气耦合视角下德州大停电事故分析及对我国新型电力系统发展启示[J]. 中国电机工程学报, 2022, 42 (21): 7764-7775.

[99] 钟海旺, 张广伦, 程通, 等. 美国得州2021年极寒天气停电事故分析及启示[J]. 电力系统自动化, 2022, 46 (6): 1-9.

[100] 何青, 高效, 张文月, 等. 美国德州电力市场零售电价套餐体系及启示[J]. 供用电, 2018, 35 (12): 50-55.

[101] 陈大宇. 电力现货市场配套容量机制的国际实践比较分析[J]. 中国电力企业管理, 2020, 1: 30-35.

[102] 吴厦成, 官思发, 吴洲钇, 等. 低碳背景下能源系统安全不容忽视——美国德州、英国伦敦停电事故反思[J]. 产业与科技论坛, 2021, 20 (9): 67-69.

[103] 王伟胜, 林伟芳, 何国庆, 等. 美国得州2021年大停电事故对我国新能源发展的启示[J]. 中国电机工程学报, 2021, 41 (12): 4033-4043.

[104] 鞠冠章，王靖然，崔琛，等. 极端天气事件对新能源发电和电网运行影响研究[J]. 智慧电力，2022，50（11）：77－83.

[105] 寇岩，刘宇明，郭亮. 美国得州"2.15停电"事件分析及对山东电力市场的启示 [J]. 山东电力技术，2021，48（11）：15－20，28.

[106] 陈卫东. 从得州大停电看能源市场化复杂性[J]. 中国石油和化工产业观察，2021，3：74－76.

[107] 严道波，文劲宇，杜治，等. 2021年得州大停电事故分析及其对电网规划管理的启示[J]. 电力系统保护与控制，2021，49（9）：121－128.

[108] 青羽. 从得州电力危机看我国"十四五"电力供应[J]. 能源，2021，3：16－21.

[109] 安学民，孙华东，张晓涵，等. 美国得州"2·15"停电事件分析及启示[J]. 中国电机工程学报，2021，41（10）：3407－3415.

[110] 张玥，谢光龙，张全，等. 美国得州"2·15"大停电事故分析及对中国电力发展的启示[J]. 中国电力，2021，54（4）：192－198，206.

[111] 张鹏飞，麻常辉，李威，等. 2021年欧洲电网两次解列事故分析及对中国电网安全的思考[J]. 电力系统自动化，2021，45（24）：22－29.

[112] 金娜，张桂东. 考虑有功和视在功率电气参数的电网级联崩溃模型[J]. 广东电力，2022，35（3）：64－68.

[113] 唐军，何昌雄，陈巍. 220kV变电站全停方式下局部输电网络雷击故障风险分析 [J]. 电瓷避雷器，2016，3：160－166.

[114] 赵腾，高艺，邬炜，等. 欧洲大范围跨国电力互联在极端天气下电力安全保供中的作用分析[J]. 全球能源互联网，2024，7（1）：14－24.

[115] 陈爱林，田伟，耿建，等. 跨国电力交易的区块链存证技术[J]. 全球能源互联网，2020，3（1）：79－85.

[116] 丁明，朱自强，张晶晶，等. 保护隐性故障及其对电力系统连锁故障发展影响[J]. 高电压技术，2016，42（1）：256－265.

[117] 乔刚，袁铁江，阿力马斯别克·沙肯别克. 中亚5国电力发展概况及合作机遇探析 [J]. 电力电容器与无功补偿，2015，36（3）：81－85.

[118] 张宁. 吉尔吉斯斯坦能源简介[J]. 国土资源情报，2010，1：30－36.

[119] 詹明屹. 老挝电力市场现状和趋势浅析［J］. 国际工程与劳务，2023，12：55－58.

[120] 雷晓鹏. 老挝电力行业可持续发展路径研究［J］. 水利水电快报，2024，45（4）：8－13.

[121] 方勇杰. 用紧急控制降低由输电断面开断引发系统崩溃的风险对印度大停电事故的思考［J］. 电力系统自动化，2013，4.

[122] 王虹，赵众卜，曾荣. 老挝电力市场发展建议［J］. 国际工程与劳务，2019，1：42－45.

[123] 孙杉. 老挝电力行业发展现状及风险浅析［J］. 海外投资与出口信贷，2021，1：40－43.

[124] 鄢健，周德彦，陈玉妍. 老挝电力发展现状及光伏项目发展前景［J］. 国际工程与劳务，2021，8：42－46.

[125] 秦艳辉，张伟，李思儒，等. 乌兹别克斯坦清洁电能合作开发的机遇和风险研究［J］. 电器与能效管理技术，2018，11：83－89.

[126] 徐中伟. 风电场设计优化及性能评估——以哈萨克斯坦为例［J］价值工程，2023，42（28）：18－20.

[127] 耿捷. "一带一路"框架下中亚跨界河流治理研究［J］. 学术探索，2020，（12）：68－75.

[128] 樊湖波. 中国－东盟电力互联互通下的老挝电力市场［J］. 能源，2020，4：86－88.

[129] 雷之力，苏凯. 拉美地区新型电力系统发展趋势分析［J］. 中国电力企业管理，2022，7：94－96.

[130] 曲琦，孙晓龙，王雄飞. 浅述巴西电力市场水电电能互济机制［J］. 中国电力企业管理（上），2019，12：103－105.

[131] 王昭卿. 中国古巴电力领域合作发展研究［J］. 中外能源，2022，27（2）：11－16.

[132] 唐军，何昌雄，陈巍. 220kV 变电站全停方式下局部输电网络雷击故障风险分析［J］. 电瓷避雷器，2016，3：160－166.

[133] 刘映尚，张建新，徐光虎，等. 南方区域复杂交直流互联电网系统运行特性与安全稳定控制［J］. 南方电网技术，2020，14（5）：44－50.

[134] 屠竞哲，何剑，安学民，等. 巴基斯坦"2023.1.23"大停电事故分析及启示［J］.

中国电机工程学报，2023，43（14）：5319－5329.

[135] 宋隽锐. 巴基斯坦电力市场营销模式探讨［J］. 企业改革与管理，2019，17：112－113.

[136] 肖欣，何时有. 巴基斯坦电力行业发展与投资机会［J］. 国际经济合作，2017，3：84－87.

[137] 吴名星. 大电网故障下直流闭锁和换流站全站失电的分析应对［J］. 电力设备管理，2023，10：11－13，29.

[138] 冯源，罗涛，张清波，等. 巴基斯坦电网大面积停电对卡洛特电站影响及应对措施［J］. 水电站机电技术，2023，46（11）：127－130.

[139] 王汉卿. 巴基斯坦电力市场浅析［J］. 国际工程与劳务，2021，2：30－33.

[140] 余新成. 巴基斯坦电力市场现状及发展简析［J］. 应用能源技术，2017，7：8－11.

[141] 刘锋，朱金海. 流域集控中心误调误控原因及运行管理［J］. 云南水力发电，2024，40（8）：177－181.

[142] 王黎. 护航巴基斯坦电力大动脉——国网山东电力运维默拉直流输电工程［J］. 国家电网，2023，10：62－63.

[143] 张华，林凝，施瑾. 巴基斯坦水电发展简况［J］. 小水电，2021，1：22－25.

[144] 付春柱. 巴基斯坦电力市场及燃煤电站现状［J］. 国际工程与劳务，2021，8：47－50.

[145] 焦敬平，李佳颖. 巴基斯坦能源产业发展现状与展望［J］. 能源，2019，12：79－81.

[146] 乔刚，张万学，吴玉. 巴基斯坦电力概况及投资风险分析［J］. 电力电容器与无功补偿，2018，39（2）：150－154.

[147] 王爽. 南非国家电力市场投资研究［J］. 国际工程与劳务，2022，11：55－58.

[148] 李志强. 南非电力市场浅析［J］. 科学与信息化，2020，36：90，93.

[149] 张嘉锡，钱贺. 浅谈南非电力危机［J］. 风力发电，2023，1：1－4.

[150] 董芮. 南非电力的"危与机"［J］. 中国电力企业管理，2023，24：13－14.

[151] 周立志. 南非电力市场及可再生能源发展研究［J］. 中外能源，2021，26（2）：7－19.

[152] 张锐，张云峰. 撒哈拉以南非洲电力供应：进展、问题与展望［J］. 中国非洲学刊，2021，2（3）：134－153.

[153] 涂水平. 阿根廷新能源市场及投资机会分析［J］. 环球财经，2017，10：32－37.

[154] 岳淇，宋喆，尚青霖，等. "一带一路"背景下阿根廷可再生能源市场及其法律政策分析［J］. 中阿科技论坛（中英文），2023，1：6－10.

[155] 赵腾，高艺，邬炜，等. 欧洲大范围跨国电力互联在极端天气下电力安全保供中的作用分析［J］. 全球能源互联网，2024，7（1）：14－24.

[156] 蔡文畅，申展，黑阳，等. 世界典型跨国跨区电力交易对未来澜湄区域电力交易模式的启示［J］. 全球能源互联网，2023，6（3）：316－324.

[157] 王怡，刘泊静. 国家能源局：我国电力安全风险管控和应急保障能力持续提升［J］. 中国电业，2021，3：10－11.

[158] 敬民. 可再生能源体系稳定要有七策［J］. 中国石油石化，2023，8：36－37.

[159] 黄磊，尹博，张泽栋. 丹麦风电高占比成因及跨国电力互联作用分析［J］. 中国电力企业管理，2022，13：94－96.

[160] 赵腾，邬炜，李隽，等. "两个替代"趋势下的欧洲跨国电力互联通道研究［J］. 全球能源互联网，2020，3（6）：632－642.

[161] 陈启鑫，张维静，滕飞，等. 欧洲跨国电力市场的输电机制与耦合方式［J］. 全球能源互联网，2020，3（5）：423－429.

[162] 陈爱林，田伟，耿建，等. 跨国电力交易的区块链存证技术［J］. 全球能源互联网，2020，3（1）：79－85.

[163] 徐文久. 巴西"3.21"大停电事故过程关键点分析及对云南电网的启示［J］. 现代工程科技，2023，2（14）：5－8.

[164] 李聪. 基于巴西"8·15"大停电事故的仿真分析与思考［J］. 农村电气化，2024，3：35－41.

[165] 刘云. 我国特高压直流输电技术的巴西本地化工程实施方案［J］. 电网技术，2017，41（10）：3223－3229.

[166] 屠竞哲，张健，Victor Teixeira，等. 美丽山二回直流工程投运后巴西电网安全稳定问题研究［J］. 电网技术，2019，43（11）：4255－4262.

[167] 王良，李龙龙，段然，等. 以三道防线视角回看巴西"3·21大停电"事故［J］. 电力设备管理，2023，5：198－200.

[168] 王国春，董昱，许涛，等. 巴西"8.15"大停电事故分析及启示 [J]. 中国电机工程学报，2023，43（24）：9461-9470.

[169] 韩悌，柯贤波，霍超，等. 多直流、高占比新能源电力系统应对严重扰动新技术研究 [J]. 智慧电力，2020，48（4）：9-14，27.

[170] 梁英达，田书，刘明杭. 基于相量校正的多源配电网故障区段定位 [J]. 电力系统保护与控制，2023，51（1）：33-42.

[171] 刘云. 巴西高压直流输电运行情况及启示 [J]. 现代电力，2021，38（1）：32-40.

[172] 陈鹏冲，刘畅，葛黄徐，等. 城市大面积停电应急能力评估指标探讨 [J]. 中国安全生产科学技术，2023，19（6）：5-12.

[173] 杨晓冉. 大停电暴露巴西电网结构和运行短板 [N]. 中国能源报，2023，8.

[174] 常忠蛟，刘云. 巴西"3.21"大停电后电网恢复情况分析 [J]. 电网技术，2021，45（3）：1078-1088.

[175] 张粒子，刘方，王帮灿，等. 巴西电力市场研究：市场机制内在逻辑分析与对我国电力市场建设的启示 [J]. 中国电机工程学报，2020，40（10）：3201-3214.

[176] 常忠蛟，刘云. 巴西电网"3.21"大停电中控制保护系统动作分析及启示 [J]. 电网技术，2020，44（11）：4415-4428.

[177] 周博文，陈麒宇，杨东升. 巴西大停电的思考 [J]. 发电技术，2018，39（2）：97-105.

[178] 朱永娟，陈挺. 巴西电力市场交易机制研究及对中国的启示[J]. 中国电力，2020，53（6）：124-132.

[179] 戴晓，田原. 尼日利亚电力市场投资开发研究 [J]. 国际工程与劳务，2023，6：52-55.

[180] 吴亚丽，董晓芹. 非洲地区及尼日利亚油气资产交易与上游投资机会 [J]. 中国石油大学学报（社会科学版），2011，6.

[181] 干永智，辛宗懿，王枫. 尼日利亚电力改革及展望 [J]. 国际工程与劳务，2014，5：33-35.

[182] 王健，张锐. "一带一路"产能合作中的能源电力投资分析——基于 23 个非洲国家面板数据 [J]. 经济论坛，2021，5：88-95.

[183] 代潭龙,洪洁莉,李莹,等.2023 年全球重大天气气候事件 [J].气象,2024,50（3）:370-376.

[184] 郑外生.对智能电网相关三个重要概念的认识 [J].中国电力企业管理（上）,2019,4:52-53.

[185] 梁双,严超,厉瑜,等.电力系统应对极端天气自然灾害存在的薄弱环节及对策建议 [J].中国工程咨询,2022,9:27-31.

[186] 尹昌洁,王啸宇,王维,等.大面积停电事故防御方法研究综述 [J].电力安全技术,2022,24（11）:27-31.

[187] 张兰.电网企业标准数字化发展现状及趋势分析 [J].湖南电力,2023,43（1）:95-98,102.

[188] 刘晟源,林振智,李金城,等.电力系统态势感知技术研究综述与展望 [J].电力系统自动化,2020,44（3）:229-239.

[189] 刘立扬,李鑫,张文涛,等.配电网用户感知停电事故严重性分析及可靠性评估 [J].四川电力技术,2021,44（3）:61-68.

[190] 于群,李浩,屈玉清.基于深度神经网络和内外部因素的大电网安全态势感知研究 [J].电测与仪表,2022,59（2）:16-23,67.

[191] 陈超洋,周勇,池明,等.基于复杂网络理论的大电网脆弱性研究综述 [J].控制与决策,2022,37（4）:782-798.

[192] 李立理,张义斌.国际大停电事故分析及其对我国电力安全生产的启示 [J].中国电力企业管理,2014,8:16-18.

[193] 王若愚,刘军伟,李小飞,等.深圳市坚强局部电网建设思路与方案研究 [J].南方能源建设,2020,7（201）:8-12.

[194] 舒印彪,汤涌,孙华东.电力系统安全稳定标准研究 [J].中国电机工程学报,2013,33（25）:1-9.

[195] 彭和平,莫文雄,王勇,等.基于配电大数据的配电网故障停电影响因素灵敏度分析 [J].电力信息与通信技术,2021,19（8）:61-68.

[196] 丁梁,黄建杨,徐恩,等.考虑复杂环境特性的电网线路脆弱性综合评估与结构优化分析 [J].电力系统保护与控制,2021,49（13）:105-113.

［197］ 张鹏，阮璇，陈伟，等.典型大停电回顾及其对电网监控的警示与对策［J］.云南电业，2023，2：38－42.

［198］ 张彦博，赵兴华.新形势下的县域城市电网规划初探［J］.才智，2012，14：291.

［199］ 吴寅，杨飞，马乃源.新能源下新型电力系统建设措施探究［J］.水上安全，2024，16：7－9.

［200］ 杜佩仁，文福拴，刘艳茹，等.多元用电需求网格分析与"源网荷储"分层分区平衡模型［J］.电力需求侧管理，2021，23（1）：5－10，42.

［201］ 李明节，于钊，许涛，等.新能源并网系统引发的复杂振荡问题及其对策研究［J］.电网技术，2017，41（4）：1035－1042.

［202］ 国家发展改革委，国家能源局.关于加强新形势下电力系统稳定工作的指导意见（下）［J］.大众用电，2023，38（12）：7－8.

［203］ 席酉民，姚小涛.复杂多变环境下和谐管理理论与企业战略分析框架［J］.管理科学，2003，4：2－6.